中国教育学会中学语文教学专业委员会专家审定

YOUMENGYING

幽 梦 影

【古人的名言警句精华录】

〔清〕张潮◎撰
《青少年经典阅读书系》编委会◎主编

首都师范大学出版社
CAPITAL NORMAL UNIVERSITY PRESS

图书在版编目(CIP)数据

幽梦影/"青少年经典阅读书系"编委会主编.—北京：
首都师范大学出版社,2011.12(2025年3月重印)
(青少年经典阅读书系.国学系列)
ISBN 978-7-5656-0602-1

Ⅰ.①幽… Ⅱ.①青… Ⅲ.①人生哲学-中国-清代-青年读物
②人生哲学-中国-清代-少年读物 Ⅳ.①B825-49

中国版本图书馆 CIP 数据核字(2011)第 255927 号

幽 梦 影

"青少年经典阅读书系"编委会 主编

策划编辑　徐建辉
首都师范大学出版社出版发行

地　　址	北京西三环北路 105 号	
邮　　编	100048	
电　　话	68418523(总编室)	68418521(发行部)
网　　址	www.cnupn.com.cn	
印　　厂	廊坊市安次区团结印刷有限公司	
经　　销	全国新华书店发行	
版　　次	2012 年 9 月第 1 版	
印　　次	2025 年 3 月第 6 次印刷	
书　　号	978-7-5656-0602-1	
开　　本	710mm×1000mm　1/16	
印　　张	9.5	
字　　数	138 千	
定　　价	33.00 元	

总 序

Total order

　　被称为经典的作品是人类精神宝库中最灿烂的部分，是经过岁月的磨砺及时间的检验而沉淀下来的宝贵文化遗产，凝结着人类的睿智与哲思。在滔滔的历史长河里，大浪淘沙，能够留存下来的必然是精华中的精华，是闪闪发光的黄金。在浩瀚的书海中如何才能找到我们所渴望的精华，那些闪闪发光的黄金呢？唯一的办法，我想那就是去阅读经典了！

　　说起文学经典的教育和影响，我们每个人都会立刻想起我们读过的许许多多优秀的作品——那些童话、诗歌、小说、散文等，会立刻想起我们阅读时的那种美好的精神享受的过程，那种完全沉浸其中、受着作品的感染，与作品中的人物，或者有时就是与作者一起欢笑、一起悲哭、一起激愤、一起评判。读过之后，还要长时间地想着，想着……这个过程其实就是我们接受文学经典的熏陶感染的过程，接受文学教育的过程。每一部优秀的传世经典作品的背后，都站着一位杰出的人，都有一颗高尚的灵魂。经常地接受他们的教育，同他们对话，他们对社会、对人生的睿智的思考、对美的不懈的追求，怎么会不点点滴滴地渗透到我们的心灵，渗透到我们的思想和感情里呢！巴金先生说："读书是在别人思想的帮助下，建立自己的思想。""品读经典似饮清露，鉴赏圣书如含甘饴。"这些话说得多么恰当，这些感

总　序

Total order

受多么美好啊！让我们展开双臂、敞开心灵，去和那些高尚的灵魂、不朽的作品去对话、交流吧，一个吸收了优秀的多元文化滋养的人，才能做到营养均衡，才能成为精神上最丰富、最健康的人。这样的人，才能有眼光，才能不怕挫折，才能一往无前，因而才有可能走在队伍的前列。

　　《青少年经典阅读书系》给了我们一把打开智慧之门的钥匙，会让我们结识世界上许许多多优秀的作家作品，会让这个世界的许多秘密在我们面前一览无余地展开，会让我们更好地去感悟时间的纵深和历史的厚重。

　　来吧！让我们一起品读"经典"！

国家教育部中小学继续教育教材评审专家
中国教育学会中学语文教学专业委员会秘书长　茅之康

丛书编委会

丛书策划　复　礼
　　　　　王安石
主　编　首　师
副主编　张　蕾
编　委（排名不分先后）
　　　　张　蕾　李佳健　安晓东　石　薇　王　晶
　　　　付海江　高　欢　徐　可　李广顺　刘　朔
　　　　欧阳丽　李秀芹　朱秀梅　王亚翠　赵　蕾
　　　　黄秀燕　王　宁　邱大曼　李艳玲　孙光继
　　　　李海芸

　　《幽梦影》，清代人张潮著。张潮（1650—?），字山来，号心斋、三在道人，安徽歙县籍，生于顺治八年。他是清代文学家、小说家、刻书家。他出身名门，从少年起，便学习四书、五经，走八股科举之路。由于禀赋聪颖，15岁得补博士弟子员。但后来仕途坎坷，连试不授，最终也仅得了个岁贡生；入资授翰林孔目。他一生好游历，喜交友。他到过很多地方，与当时的名人有诸多接触，如当时名流黄周星、冒辟疆、曹溶、张竹坡、尤侗、吴绮、吴嘉纪、孔尚任、杜浚等，都曾与他交往甚密。这一时期，他曾在扬州游历，并且在这里著书立说，创造了人生的辉煌。除我们所熟知的《幽梦影》之外，张潮还著有《花影词》、《心斋聊复集》、《奚囊寸锦》、《心斋诗集》、《鹿葱花馆诗钞》等，编辑评定《昭代丛书》、《檀几丛书》、《虞初新志》。《幽梦影》是他在30岁时动笔写的，前后历经15年，方才完稿。

　　这部书著成之后，在当时风靡一时，受到了百余位学者的关注，纷纷加以赞扬，并给予了评点，其受欢迎程度大大超过了当时极受欢迎的《菜根谭》。林语堂先生在《张潮的警句》中说："这是一部文艺的格言集，这一类的集子在中国很多，可是没有一部可和张潮所写的比拟。"可见其给予了张潮的《幽梦影》以高度的评价。其实从《幽梦影》的各方面来看，它不仅是一部"文艺"的格言集，更是一部"人生"的格言集。

　　《幽梦影》全书共由219条人生哲理箴言构成，文字中随处可见山水云雨、风花雪月、鸟兽虫鱼、香草美人、琴棋书画、园林建筑、读书著书、谈禅交游、饮酒赏玩等，所谈最多的也是这方面的内容。在这些文字中，体现了作者对人生和社会的感悟，其中有对文人骚客的琴棋书画、诗词雅章的体味，有对山光水色、花鸟虫鱼、风云雨露、俊林秀木大自然的赞美，有对官场科第、人情世故的讥讽，有对儒、释、道的参悟与堪破，包含的内容极其丰富。在语言方面，作者写作时敢于联想、想象，将自然界中的生物赋予灵性写在作品中，同时还运用比喻、对偶等多种方法，使语言集节奏美、匀称美、声韵美的和谐统一，在审美角度上更胜一筹。除此之外，文字后还有评语，评语都是作者同当时的学者、朋友议论时，大家所发，众家各有说辞，争鸣争放，全是率性而发，毫无矫揉造作之感，语言或幽默诙谐，或妙语解语，或清警拨俗，发人深省。读书中的格言、箴言、哲言、韵语、警句，用幽静的态度去观察人生与自然，如梦一般的迷离，如影一般的朦胧，享受那种艺术家对生活所拥有的感受和体验，感人至深。

《幽梦影》是作者纯情至性的流露，是作者审美追求的结晶，是作者精简丰厚人生感情的最终提炼。作者豁达潇洒的情怀，在字里行间表露无遗。作者风流自赏、真率雅致的生活态度跃然于楮墨纸帛。对于现在生活在繁忙工作之中的人来说，这正是减轻心理负荷的良药。我们不妨在茶余饭后、工作闲暇之时，同张潮一起，赏花玩月，游山玩水，移情自然，释放自己，感受书中的墨香、书中的梦幻、书中的幽影，从中汲取更多的营养。

目录

上 篇

目录

下　篇

目录

上　篇

第 1 则

【注释】

①经：经、史、子、集是中国传统的图书四大部类，这种分类法是以儒家思想为指导的。经部包括儒家经典（主要是十三经）和小学（文字、音韵、训诂等学问的总称）著作。

②其神专也：精神专注。

③诸集：即集部，是诗、文、词、赋等文艺作品的总集和别集。

④其机畅也：生机畅适。

【原文】

读经宜冬①，其神专也②；读史宜夏，其时久也；读诸子宜秋，其致别也；读诸集宜春③，其机畅也④。

曹秋岳曰：可想见其南面百城时。

庞笔奴曰：读《幽梦影》则春夏秋冬，无时不宜。

【译文】

冬天适宜诵读经书，因为在冬天可以集中思想在经书里驰骋；夏天适合读史，因为夏天白日时间长，时间比较充足；秋季适宜读诸子百家，因为秋天秋高气爽，人的韵致比较特殊，这时可以领会诸子精神的实质；春天适宜读诗词文章，因为春天可以体会出诗文的生机和春天散发出来的欣欣向荣景象。

第 2 则

【注释】

①经传：儒家典籍经与传的统称。

②史鉴：中国古代历史著作的统称。

③红友：酒的别称。

【原文】

经传宜独坐读①，史鉴宜与友共读②。

孙恺似曰：深得此中真趣，固难为不知者道。

王景州曰：如无好友，即红友亦可③。

【译文】

《诗》、《书》、《礼》、《易》、《春秋》等著作适合一个人时静静地阅读，而历史著作适合和知己一起共赏。

第 3 则

【原文】

无善无恶是圣人（如"帝力何有于我"、"杀之而不怨，利之而不庸"、"以直报怨，以德报德"、"一介不与，一介不取"之类），善多恶少是贤者（如"颜子不贰过①"，"有不善未尝不知"、"子路人告有过，则喜"之类），善少恶多是庸人，有恶无善是小人（其偶为善处，亦必有所为），有善无恶是仙佛（其所谓善，亦非吾儒之所谓善也②）。

黄九烟曰：今人一介不与者甚多，普天之下皆半边圣人也。利之不庸者亦复不少。

江含徵曰：先恶后善是回头人，先善后恶是两截人。

殷日戒曰：貌善而心恶者是奸人，亦当分别。

冒青若曰：昔人云："善可为而不可为。"唐解元诗云："善亦懒为何况恶!"当于有无多少中，更进一层。

【注释】

①不贰过：已犯过的错误，就不再犯。

②吾儒：中国封建时代长期以儒家思想为正统，儒家人士自称"吾儒"，以表示与道家、佛家有别。

【译文】

没有做过善事也没有做过恶事的是具备极高品德的人；做善事多做恶少的是品质好、才能高的人；做善事少恶事多的人是最平常的庸俗之辈；只做恶事而不做善事的是不知廉耻的小人；只知道做善事而没有做过恶事的是神仙和具有善根的佛家。

第 4 则

【注释】

①恨：遗憾。

②香草：有香气的草。

③订：订交，结为知己。

④松之于秦始：秦始皇封禅泰山，半路上遇到暴雨，在大松树下躲避，后来便封那棵松树为五大夫。五大夫是战国、秦汉时的官名。

⑤作缘：结缘，结交。

⑥劚（zhú）：砍。

【原文】

天下有一人知己，可以不恨①。不独人也，物亦有之。如菊以渊明为知己，梅以和靖为知己，竹以子猷为知己，莲以濂溪为知己，桃以避秦人为知己，杏以董奉为知己，石以米颠为知己，荔枝以太真为知己，茶以卢仝、陆羽为知己，香草以灵均为知己②，莼鲈以季鹰为知己，蕉以怀素为知己，瓜以邵平为知己，鸡以处宗为知己，鹅以右军为知己，鼓以祢衡为知己，琵琶以明妃为知己。一与之订③，千秋不移。若松之于秦始④，鹤之于卫懿，正所谓不可与作缘者也⑤。

查二瞻曰：此非松、鹤有求于秦始、卫懿，不幸为其所近，欲避之而不能耳。

殷日戒曰：二君究非知松、鹤者，然亦无损其为松、鹤。

周星远曰：鹤于卫懿，犹当感恩。至吕政五大夫之爵，直是唐突十八公耳。

王名友曰：松遇封，鹤乘轩，还是知己。世间尚有劚松煮鹤者⑥，此又秦、卫之罪人也。

张竹坡曰：人中无知己，而下求于物，是物幸而人不幸矣；物不遇知己而滥用于人，是人快而物不快矣。可见知己之难，知其难，方能知其乐。

【译文】

天下只要有一知己，就不会有遗憾了。不只人是这样，万物也如此。例如菊花把陶渊明视为知己，梅花把林和靖视为知己，翠竹把子猷（王羲之之子王徽之，字之猷）看做知己，杏树把董奉当做知己，莲花把周敦颐视作知己，奇石将米芾当做知己，荔枝把杨贵妃视作知己，茶把卢仝、陆羽作为知己，香草把屈原作为知己，莼羹鲈脍把张翰视为知己，芭蕉把怀素视为知己，瓜把邵平视为知己，鸡把处宗视为知己，鹅把王羲之视为知己，芭蕉把王昭君视为知己。他们之间相互交定，是永远也不会改变的。至于说像泰山松与秦始皇，春秋鹤与卫懿公那样，就是彼此不能相交、没有缘分的了。

第 5 则

【原文】

　　为月忧云，为书忧蠹[1]，为花忧风雨，为才子佳人忧命薄，真是菩萨心肠。

　　余淡心曰：洵如君言，亦安有乐时耶？

　　孙松坪曰：所谓君子有终身之忧者耶？

　　黄交三曰："为才子佳人忧命薄"一语，真令人泪湿青衫。

　　张竹坡曰：第四忧，恐命薄者消受不起。

　　江含徵曰：我读此书时，不免为蟹忧雾。

　　竹坡又曰：江子此言，直是为自己忧蟹耳。

　　尤悔庵曰：杞人忧天，嫠妇忧国[2]，无乃类是。

【注释】

①蠹（dù）：蠹鱼，又名银鱼、白鱼、衣鱼等，是蛀食书籍、衣物等的虫子，中国的线装古籍常常被蠹虫毁坏。

②嫠（lí）妇：寡妇。

【译文】

　　为明月担心被云彩遮蔽，为书本担心被蛀虫咬坏，为鲜花担心被风雨摧残、毁坏，为才子佳人担心他们生命短暂，确实是大慈大悲的菩萨心肠呀。

第 6 则

【注释】

①癖：癖好、嗜好。这里所说的癖，是指对某一事物的过分关注、痴迷。

【原文】

花不可以无蝶，山不可以无泉，石不可以无苔，水不可以无藻，乔木不可以无藤萝，人不可以无癖①。

黄石间曰："事到可传皆具癖"，正谓此耳。

孙松坪曰：和长舆却未许藉口。

【译文】

鲜花不可以没有蝴蝶作伴，青山不可以没有泉水穿流其中，石头上不能没有青苔的点缀，水上不可以没有水藻的漂浮，乔木不可以没有藤萝的缠绕，人不能没有自己的嗜好。

第 7 则

【注释】

①虫声：主要指蟋蟀的叫声。

②松声：风吹过松林可以发出像波涛般特殊响声，称为松涛或松风。

【原文】

春听鸟声，夏听蝉声，秋听虫声①，冬听雪声，白昼听棋声，月下听箫声，山中听松声②，水际听欸乃声③，方不虚生此世耳。若恶少斥辱，悍妻诟谇，真不若耳聋也。

黄仙裳曰：此诸种声颇易得，在人能领略耳。

朱菊山曰：山老所居，乃城市山林，故其言如此。若我辈日在广陵城市中，求一鸟声，不啻如凤凰之鸣，顾可易言耶！

释中洲曰：昔文殊选二十五位圆通④，以普门耳根为第一⑤。今心斋居士耳根不减普门。吾他日选圆通，自当以心斋为第一矣。

张竹坡曰：久客者，欲听儿辈读书声，了不可得。

张迂庵曰：可见对恶少悍妻，尚不若日与禽虫周旋也。

又曰：读此，方知先生耳聋之妙。

③欸（ǎi）乃：本来是象声词，指摇橹划船的声音，后来也指船歌或渔歌。

④圆通：佛教语，谓悟觉法性。圆，不偏倚。通，无障碍。

⑤普门：佛教语，谓普摄一切众生的广大圆融的法门。

【译文】

春天听鸟叫的声音，夏天听蝉鸣的声音，秋天听虫子唧唧叫的声音，冬天听雪簌簌下的声音；白日里听下棋的声音，明月当空时听吹箫的声音；身处在大山之中听松林风啸的声音，水边听摇橹声，这才算没有白长了这双耳朵。假如听到无赖少年的呵斥和辱骂声，蛮横女人的叫骂和恶言声，真不如耳朵聋了的好。

第 8 则

【原文】

上元须酌豪友，端午须酌丽友，七夕须酌韵友，中秋须酌淡友，重九须酌逸友①。

朱菊山曰：我于诸友中，当何所属耶？

王武徽曰：君当在豪与韵之间耳。

王名友曰：维扬丽友多②，豪友少，韵友更少。至于淡友、逸友，则削迹矣。

张竹坡曰：诸友易得，发心酌之者为难能耳。

顾天石曰：除夕须酌不得意之友。

徐砚谷曰：唯我则无时不可酌耳。

【注释】

①重九：农历九月九日，一般称为重阳节。

②维扬：即扬州。

尤谨庸曰：上元酌灯，端午酌彩丝，七夕酌双星，中秋酌月，重九酌菊，则吾友俱备矣。

【译文】

上元节要与豪爽大方的朋友畅饮，端午节要与漂亮潇洒的朋友对饮，七夕节要与擅长吟诗作对的朋友对饮，中秋节之时要和淡泊名利的清雅之士对饮，重阳节要与远离是非、隐居的朋友对饮。

第 9 则

【注释】

①鳞虫：指鱼和龙这类带鳞片的动物。

②羽虫：禽鸟类。

③邑侯：指县令。

【原文】

鳞虫中金鱼①，羽虫中紫燕②，可云物类神仙。正如东方曼倩避世金马门，人不得而害之。

江含徵曰：金鱼之所以免汤镬者，以其色胜而味苦耳。昔人有以重价觅奇特者，以馈邑侯③，邑侯他日谓之曰："贤所赠花鱼，殊无味。"盖已烹之矣。世岂少削圆方竹杖者哉！

【译文】

长有鳞片的金鱼，生有羽翼的紫燕，可以说它们都是动物中的尊者和神仙。就像避世于风云巨测之朝廷中的东方朔，别人是伤害不到他的。

第 10 则

【原文】

入世须学东方曼倩，出世须学佛印了元。

江含徵曰：武帝高明喜杀，而曼倩能免于死者，亦全赖吃了长生酒耳。

殷日戒曰：曼倩诗有云："依隐玩世，诡时不逢①。"此其所以免死也。

石天外曰：入得世，然后出得世。入世、出世打成一片，方有得心应手处。

【译文】

入世应当学习东方朔，出世应该学习佛印了元。

【注释】

①依隐玩世，诡时不逢：是在政事与隐退之间模棱两可，依违玩世，这样与时俗不同的处世策略，就不会遇到祸害。

第 11 则

【原文】

赏花宜对佳人，醉月宜对韵人，映雪宜对高人①。

余淡心曰：花即佳人，月即韵人，雪即高人。既已赏花、醉月、映雪，即与对佳人、韵人、高人无异也。

江含徵曰：若对此君仍大嚼②，世间哪有扬州鹤③？

张竹坡曰：聚花、月、雪于一时，合佳、韵、高为一人，吾当不赏而心醉矣。

【注释】

①高人：超凡脱俗之人，一般指隐士。

②此君：指竹子。

③扬州鹤：比喻欲望多。

【译文】

观赏花卉应该有佳人相伴，对月畅饮应该有吟诗作对的朋友助兴，把玩赏雪应与高雅隐士为伴。

第 12 则

【注释】

①谨饬友：持身谨慎、周到的朋友。

②传奇小说：泛指戏曲、小说。

【原文】

对渊博友，如读异书；对风雅友，如读名人诗文；对谨饬友①，如读圣贤经传；对滑稽友，如阅传奇小说②。

李圣许曰：读这几种书，亦如对这几种友。

张竹坡曰：善于读书取友之言。

【译文】

和学识渊博的朋友在一起，就像读一本内容丰富的奇书；同风流儒雅的朋友在一起，就像在读名人的诗文创作一样；同严谨的朋友在一起，就像读名人贤士所著的经传；同诙谐风趣的朋友在一起，就像在阅读传奇小说一样。

第 13 则

【注释】

①羊叔子：羊祜，字叔子，泰山南城（今山东平邑境内）人，《晋

【原文】

楷书须如文人，草书须如名将，行书介乎二者之间，如羊叔子缓带轻裘①，正是佳处。

程翈老曰：心斋不工书法，乃解作此语耶！

张竹坡曰：所以羲之必做右将军。

【译文】

楷书要写得像文人那样，草书要写得像名将那样，而行书书写则是介于两者之间的，就像晋代羊叔子那样缓带轻裘，才是最好的。

书》有传。缓带轻裘（qiú）：宽松的衣带、轻而暖的裘服。形容雍容闲适的儒雅风度。

第 14 则

【原文】

人须求可入诗，物须求可入画。

龚半千曰：物之不可入画者，猪也，阿堵物也①，恶少年也。

张竹坡曰：诗亦求可见得人，画亦求可像个物。

石天外曰：人须求可入画，物须求可入诗，亦妙。

【译文】

人要有可以入诗的韵味；物要有可以入画的美感。

【注释】

①阿堵物：指钱。

第 15 则

【原文】

少年人须有老成之识见①，老成人须有少年之襟怀。

江含徵曰：今之钟鸣漏尽、白发盈头者，若多收几斛麦，便欲置侧室②，岂非有少年襟怀耶？独是少年老成者少耳。

【注释】

①老成：指年高有德或老练沉重的人，泛指成年人。

②侧室：妾，小老婆。

张竹坡曰：十七八岁便有妾，亦居然少年老成。

李若金曰：老而腐板，定非豪杰。

王司直曰：如此方不使岁月弄人。

【译文】

　　少年人应该具有老年人那种成熟的见识和老成，老年人应该具有少年的激情与热忱，这样才能有精彩丰富的人生。

第 16 则

【注释】

①本怀：本来的心愿、胸怀。

②别调：另一种风味、情调。

③素风：此处大致意思如主气，意谓平素的作风。

④和神：谦虚祥和的神气。

⑤清节：纯洁高尚的节操。

【原文】

春者，天之本怀①；秋者，天之别调②。

石天外曰：此是透彻性命关头语。

袁江中曰：得春气者，人之本怀；得秋气者，人之别调。

尤悔庵曰：夏者，天之客气；冬者，天之素风③。

陆云士曰：和神当春④，清节为秋⑤，天在人中矣。

【译文】

　　春天生机勃勃，是大自然本有的情怀；秋天萧瑟一片，是大自然的另一种情调。

第 17 则

【原文】

昔人云：若无花月美人，不愿生此世界。予益一语云：若无翰墨棋酒，不必定作人身。

殷日戒曰：枉为人身生在世界者，急宜猛省。

顾天石曰：海外诸国，决无翰墨棋酒，即有，亦不与吾同，一般有人，何也？

胡会来曰：若无豪杰文人，亦不须要此世界。

【译文】

古人说：如果没有明月、鲜花、美人，就不愿在这个世界上生活。我增加了一句话：如果没有书可以读，没有笔墨可以写字，没有棋可以下，没有酒可以喝，就不一定必须做人不可。

第 18 则

【原文】

愿在木而为樗（不才，终其天年）①，愿在草而为蓍（前知）②，愿在鸟而为鸥（忘机）③，愿在兽而为廌（触邪），愿在虫而为蝶（花间栩栩）④，愿在鱼而为鲲（逍遥游）。

吴园次曰：较之《闲情》一赋，所愿更自不同。

郑破水曰：我愿生生世世为顽石。

尤悔庵曰：第一大愿。又曰：愿在人而为梦。

【注释】

①樗（chū）：一种落叶乔木，俗名臭椿，气味很难闻，古人认为是"恶木"。

②前知：有预测能力，可以事先知道。

③忘机：忘却机诈、计较的心思，一般用来指与世无争、淡迫名利的心境。

④花间栩栩：在花丛中欢快自如地飞来飞去。栩栩，形容欢畅自在的样子。

尤慧珠曰：我亦有大愿，愿在梦而为影。

弟木山曰：前四愿皆是相反。盖前知则必多才，忘机则不能触邪也。

【译文】

假如做树，我愿做一棵臭椿（虽不成材不中用，却能享其千年）；假如做草，希望做一株蓍草（因为它可以占卜预测未来）；假如做鸟，我愿长成一只鸥鸟（鸥鸟可以无忧无虑）；假如做走兽，我愿做解豸（因为它可以识别邪恶）；假如做飞虫，我愿做一只蝴蝶（因为它可以在花丛中翩翩起舞）；假如做鱼，我愿化作一只鲲鹏（它可以自由遨游于天地之间）。

第 19 则

【注释】

①偶双：成双配对、相对应的人。

②盘古：我国古代神话中开天辟地的人物。

③"如此眼光"句：比喻目光短浅。

【原文】

黄九烟先生云："古今人必有其偶双①，千古而无偶者，其唯盘古乎！"予谓盘古亦未尝无偶②，但我辈不及见耳。其人为谁？即此劫尽时最后一人是也。

孙松坪曰：如此眼光，何窗出牛背上耶③？

洪秋士曰：偶亦不必定是两人，有三人为偶者，有四人为偶者，有五六七八人为偶者，是又不可不知。

【译文】

黄九烟先生说："从古到今，每个人都能找到与他们匹敌者，千古无双的人大概只有盘古了！"我说盘古也不可能没有匹

敌的人，只是我们这些人等不到罢了。这个人究竟是谁？这一劫
难之中剩下的最后一个人就是了。

第 20 则

【原文】

古人以冬为三余，予谓当以夏为三余①：晨起者夜之余，夜坐
者昼之余，午睡者应酬人事之余。古人诗云"我爱夏日长"，洵
不诬也②。

张竹坡曰：眼前问冬夏皆有余者，能几人乎？

张迂庵曰：此当是先生辛未年以前语。

【注释】

①三余：泛指余暇时
间。余，空余，余暇。
②洵：真正，确实。诬：
欺骗，说谎。

【译文】

古人把冬天称为三余，我却说应该把夏天称为三余：早上起
来是夜晚的空余，晚上晚睡是白天的空余，午睡时间是应酬人事
工作的空余。于是古人诗说"我爱夏日长"，的确是没有错的。

第 21 则

【原文】

庄周梦为蝴蝶，庄周之幸也；蝴蝶梦为庄周，蝴蝶之不
幸也。

黄九烟曰：唯庄周乃能梦为蝴蝶，唯蝴蝶乃能梦为庄周耳。
若世之扰扰红尘者，其能有此等梦乎？

孙恺似曰：君于梦之中又占其梦耶？

江含徵曰：周之喜梦为蝴蝶者，以其入花深也。若梦甫酣而乍醒，则又如嗜酒者梦赴席而为妻惊醒，不得不痛加诟谇矣。

张竹坡曰：我何不幸而为蝴蝶之梦者？

【译文】

庄周在梦中化为蝴蝶，这是庄周的幸运；蝴蝶在梦中化作庄周，这是蝴蝶的不幸。

第 22 则

【注释】

①艺花：栽种花草。艺，种植。邀：邀请。这里指招致、招引的意思。

②累石：把石头堆叠成假山。

③栽松可以邀风：风吹过松林可以发出特殊的松涛声。

④筑台可以邀月：古时修筑露天平台，视野开阔，用于赏月，叫做月台。

【原文】

艺花可以邀蝶①，累石可以邀云②，栽松可以邀风③，贮水可以邀萍，筑台可以邀月④，种蕉可以邀雨，植柳可以邀蝉。

曹秋岳曰：藏书可以邀友。

崔莲峰曰：酿酒可以邀我。

尤艮斋曰：安得此贤主人？

尤慧珠曰：贤主人非心斋而谁乎？

倪永清曰：选诗可以邀谤。

陆云士曰：积德可以邀天，力耕可以邀地，乃无意相邀而若邀之者，与邀名邀利者迥异。

庞天池曰：不仁可以邀富。

【译文】

种植花卉可以邀来蝴蝶飞舞，堆砌石山可以招来白云飘荡，种植青松可以招来清风徐徐，存积池水可以招来浮萍漂漂，建筑高阁楼台可以招来明月朗照，栽种芭蕉可以招来细雨绵绵，种植柳树可以招来蝉鸣于枝头。

第 23 则

【原文】

　　景有言之极幽而实萧索者①，烟雨也；境有言之极雅而实难堪者②，贫病也；声有言之极韵而实粗鄙者③，卖花声也。

　　谢海翁曰：物有言之极俗而实可爱者，阿堵物也。

　　张竹坡曰：我幸得极雅之境。

【译文】

　　景致有说起来十分幽雅，而实际上十分萧条的，那就是朦胧烟雨了；境况有说起来十分幽雅，而实际上十分难堪的，那就是贫穷和疾病了；声音有说起来十分有韵味，而实际上却粗俗不堪入耳的，那就是卖花者的叫喊声了。

【注释】

①幽：幽静闲雅。萧索：凄凉寂寞。

②言之极雅：清贫衰病则没有富贵污浊、应酬奉迎这一类事情，显得志行高洁、环境清雅。

③韵：富于韵致，动听。

第 24 则

【原文】

　　才子而富贵，定从福慧双修得来①。

　　冒青若曰：才子富贵难兼。若能运用富贵，才是才子，才是福慧双修。世岂无才子而富贵者乎？徒自贪著，无济于人，仍是有福无慧。

【注释】

①福慧双修：也作福惠双修，既有福分，又聪明灵慧。

②璎珞：古代用珠玉穿成戴在颈项上的装饰品。

陈鹤山曰：释氏云："修福不修慧，像身挂璎珞②。修慧不修福，罗汉供应薄。"正以其难兼耳。山翁发为此论，直是夫子自道。

江含徵曰：宁可拼一副菜园肚皮，不可有一副酒肉面孔。

【译文】

才子能够富贵，一定是掌握了福运、而又用自己的智慧得到的。

第 25 则

【注释】

①新月：农历每月初出的弯月。

②缺月：残缺不圆的月亮。

③太清：指天空。

【原文】

新月恨其易沉①，缺月恨其迟上②。

孔东塘曰：我唯以月之迟早为睡之迟早耳。

孙松坪曰：第勿使浮云点缀，尘滓太清③，足矣。

冒青若曰：天道忌盈，沉与迟，请君勿恨。

张竹坡曰：易沉迟上，可以卜君子之进退。

【译文】

月初的月亮落得快，使人产生遗憾；而下旬的月亮出来得晚，也令人很是不能满足。

第 26 则

【原文】

躬耕吾所不能①，学灌园而已矣；樵薪吾所不能②，学薙草而已矣③。

汪扶晨曰：不为老农而为老圃，可云半个樊迟。

释菌人曰：以灌园、薙草自任自待，可谓不薄。然笔端隐隐有非其种者锄而去之之意。

王司直曰：予自名为识字农夫，得毋妄甚？

【译文】

我不能做到耕地种田，只好学学浇菜园花圃了；我不能做到上山砍柴，只好学除除杂草了。

第 27 则

【原文】

一恨书囊易蛀，二恨夏夜有蚊，三恨月台易漏，四恨菊叶多焦①，五恨松多大蚁，六恨竹多落叶，七恨桂荷易谢②，八恨薜萝藏虺，九恨架花生刺③，十恨河豚多毒。

江菂（dì）庵曰：黄山松并无大蚁，可以不恨。

张竹坡曰：安得诸恨物尽有黄山乎？

石天外曰：予另有二恨：一曰才人无行，二曰佳人薄命。

【译文】

第一遗憾的是书袋子容易被虫咬坏，第二遗憾的是夏天夜晚的蚊子太多，第三遗憾的是赏月的高台上时光易流逝，第四遗憾的是菊花多干枯，第五遗憾的是松树上大蚂蚁太多，第六遗憾的是竹子多落叶，第七遗憾的是桂花、荷花容易凋谢，第八遗憾的是薜荔女萝中会藏有毒蛇，第九遗憾的是架上的花多刺，第十遗憾的是河豚多有剧毒。

第 28 则

【原文】

楼上看山，城头看雪，灯前看月，舟中看霞，月下看美人，另是一番情境。

江允凝曰：黄山看云，更佳。

倪永清曰：做官时看进士，分金处看文人。

毕右万曰：予每于雨后看柳，觉尘襟俱涤。

尤谨庸曰：山上看雪，雪中看花，花中看美人，亦可。

【译文】

从楼上看远山，从城头上看皑皑白雪，在灯下看月光，在小船中看晚霞，于朦胧月色下看佳人，看到的又是另一种情景。

第 29 则

【原文】

　　山之光，水之声，月之色，花之香，文人之韵致，美人之姿态，皆无可名状①，无可执著②，真足以摄召魂梦，颠倒情思。

　　吴街南曰：以极有韵致之文人，与极有姿态之美人，共坐于山水花月间，不知此时魂梦何如？情思何如？

【注释】

①无可名状：没办法具体描摹、形容出来。

②执著：佛家用语，指固执于世情，无法超脱，后泛指拘泥或坚持。这里指掌握、看得见摸得着的意思。

【译文】

　　山光，水声，月色，花香，文人的精神气质，佳人的优美姿态，都无法具体描写，无法作具体把握，确实足以令人魂牵梦绕，情思颠倒。

第 30 则

【原文】

　　假使梦能自主，虽千里无难命驾①，可不羡长房之缩地；死者可以晤对②，可不需少君之招魂；五岳可以卧游③，可不俟婚嫁之尽毕④。

　　黄九烟曰：予尝谓鬼有时胜于人，正以其能自主耳。

　　江含徵曰：吾恐"上穷碧落下黄泉，两地茫茫皆不见"也。

　　张竹坡曰：梦魂能自主，则可一生死，通人鬼。真见道之言矣。

【注释】

①虽：即使。

②晤对：见面，相会。

③卧游：原意是在屋里欣赏山水风景的图画，以想象来代替亲自游览。

④俟：等到。婚嫁：指后代的婚嫁之事。

【译文】

　　假使做梦能够自己做主的话，即使在千里之外也可以到达，就不用羡慕东汉方士费长房的缩地术了；假使做梦可以与死人面对面地说话，那就不需要李少君招魂了；假使能在梦里畅游五岳，也就不必等到婚嫁之事办完之后，再做远行了。

第 31 则

【注释】

①显：显扬，扬名。

②传：名声传扬。

【原文】

昭君以和亲而显①，刘蒉以下第而传②。可谓之不幸，不可谓之缺陷。

江含徵曰：若故折黄雀腿而后医之，亦不可。

尤悔庵曰：不然，一老宫人，一低进士耳。

【译文】

王昭君以出塞和亲而名流千古，刘蒉因直言宦官之祸被罢黜进士第而得以流传后世。这可以说是他们的不幸，但不能说是缺陷。

第 32 则

【注释】

①领略：体会，欣赏。饶：富有，富足。别趣：特别的情趣。

②东君：这里意同东家，对主人的尊称。

【原文】

以爱花之心爱美人，则领略自饶别趣①；以爱美人之心爱花，则护惜倍有深情。

冒辟疆曰：能如此，方是真领略、真护惜也。

张竹坡曰：花与美人何幸遇此东君②。

【译文】

　　用爱鲜花的心情去爱惜美人，会有另一番情趣；用爱怜美人的心情去爱惜鲜花，那么爱护鲜花的情意会成倍增加。

第 33 则

【原文】

　　美人之胜于花者，解语也①；花之胜于美人者，生香也②。二者不可得兼，舍生香而取解语者也。

　　王勿翦曰：飞燕吹气若兰③，合德体自生香，薛瑶英肌肉皆香。则美人又何尝不生香也。

【注释】

①解语：懂得言语。这里使用唐明皇评论杨贵妃的典故。

②生香：有香气，散发香气，常与"活色"连用。

③吹气若兰：气息清香若兰花，形容美女的呼吸。

【译文】

　　美人胜于鲜花的地方，在于她知晓人意；鲜花胜于美人的地方，在于它可以散发芳香。这两者是不可能同时拥有的，那只有舍弃散发香味的鲜花而选择知晓人意的美人了。

第 34 则

【原文】

　　窗内人于窗纸上作字①，吾于窗外观之，极佳。

　　江含徵曰：若索债人于窗外纸上画，吾且望之却走矣②。

【注释】

①作字：写字。

②却走：退走，退避。

【译文】

窗里面有人在窗纸上写字，我在窗外面观看，十分好看。

第 35 则

【注释】

①隙中窥月：从窗缝中窥看月亮，比喻读书仅仅窥见其一斑，并未见到其全貌，并不真正了解。

②庭中望月：站在院子里观望月亮，比喻读书已能整体把握，得其全豹，但立足点还不够高。

③台上玩月：在高大宽敞的月台上玩赏月亮，比喻学识很深，读书时已能做到取舍自如，尽得其精华。

【原文】

少年读书，如隙中窥月①；中年读书，如庭中望月②；老年读书，如台上玩月③。皆以阅历之浅深为所得之浅深耳。

黄交三曰：真能知读书痛痒者也。

张竹坡曰：吾叔此论，直置身广寒宫里，下视大千世界，皆清光似水矣。

毕右万曰：吾以为学道亦有浅深之别。

【译文】

少年时读书，就像从缝隙中看天上的明月一样；中年时读书，就像在庭院中观赏月亮一样；老年时读书，就像站在高台之上观看明月一样。这是从他们生活阅历的多少，来看他们获得知识的多少。

第 36 则

【注释】

①致书：给人写信。

②胜境：佳境，优美

【原文】

吾欲致书雨师①：春雨宜始于上元节后（观灯已毕），至清明十日前之内（雨止桃开），及谷雨节中；夏雨宜于每月上弦之前，及下弦之后（免碍于月）；秋雨宜于孟秋、季秋之上下二旬（八月为玩月胜境）^②；至若三冬^③，正可不必雨也。

孔东塘曰：君若果有此牍，吾愿作致书邮也。

余生生曰：使天而雨粟，虽自元旦雨至除夕，亦未为不可。

张竹坡曰：此书独不可致于巫山雨师。

【译文】

我想写信给雨师：春天的雨最好在上元节后才开始下（那时观花灯已结束了），一直到清明前十天之内（雨停桃花开），还有谷雨这天；夏雨适合在每月的初七、初八之前，二十二或二十三之后（以免妨碍赏月）；秋雨最好在孟秋、季秋的上旬或下旬（八月是赏月的最佳时节）；至于到了数九严寒的隆冬，那就不需要下雨了。

第 37 则

【原文】

为浊富^①，不若为清贫；以忧生^②，不若以乐死。

李圣许曰：顺理而生，虽忧不忧；逆理而死，虽乐不乐。

吴野人曰：我宁愿为浊富。

张竹坡曰：我愿太奢，欲为清富，焉能遂愿！

【译文】

做一个肮脏的富贵者，不如做一个清高的贫穷者；忧郁地活着，还不如快乐地死去。

③三冬：农历冬天的三个月。

【注释】

①浊富：为富不仁，贪婪而卑鄙。

②以忧生：在忧愁窘迫中苟且偷生。

第 38 则

【注释】

①楮镪(chǔqiǎng)：
即纸钱，按照迷信的说
法，是祭祀时焚化给死
者在阴间使用的钱。

【原文】

天下唯鬼最富，生前囊无一文，死后每饶楮镪①；天下唯鬼最尊，生前或受欺凌，死后必多跪拜。

吴野人曰：世于贫士，辄目为穷鬼，则又何也？

陈康畴曰：穷鬼若死，即并称尊矣。

【译文】

天下只有鬼是最富的，他们生时口袋空空，死后往往有大量的纸钱；天下只有鬼最尊贵，活着时或许会遭受凌辱，死后却会受到许多人的跪拜。

第 39 则

【原文】

蝶为才子之化身，花乃美人之别号。

张竹坡曰：蝶入花房香满衣，是反以金屋贮才子矣。

【译文】

蝴蝶是才子的化身，鲜花是美人的别号。

第 40 则

【原文】

因雪想高士，因花想美人，因酒想侠客，因月想好友，因山水想得意诗文。

弟木山曰：余每见人一长一技，即思效之；虽至琐屑，亦不厌也。大约是爱博而情不专。

张竹坡曰：多情语令人泣下。

尤谨庸曰：因得意诗文想心斋矣。

李季子曰：此善于设想者。

陆云士曰：临川谓："想内成，因中见。"与此相发。

【译文】

因为白雪想到了隐士高人，因为鲜花想到了美人，因为美酒想到了侠客，因为明月想到了好友，因为山水想到了得意的诗文创作。

第 41 则

【原文】

闻鹅声如在白门；闻橹声如在三吴；闻滩声如在浙江^①；闻羸马项下铃铎声^②，如在长安道上。

聂晋人曰：南无观世音菩萨摩诃萨。

倪永清曰：众音寂灭时，又作么生话会^③。

【注释】

①滩：水中石头多、水势急的险恶之处。

②铃铎（duó）：泛指铃铛，铎是大铃。

③么生：什么。

【译文】

听到鹅叫的声音就好像到了金陵的白门；听到摇橹声就好像身处三吴之地；听到水拍滩头的声音就好像身处浙江之地；听到骡马颈下的铃铛响就像走进了长安古道一样。

第 42 则

【注释】

①五日：指农历五月初五端午节。九日：指农历九月初九重阳节。

②耽：沉溺，着迷于。绮习：浮艳的风习。

【原文】

一岁诸节，以上元为第一，中秋次之，五日、九日又次之①。

张竹坡曰：一岁当以我畅意日为佳节。

顾天石曰：跻上元于中秋之上，未免尚耽绮习②。

【译文】

一年之中的各种节日，应以元宵节为第一，中秋节第二，端午节、重阳节为三、四。

第 43 则

【注释】

①广：扩大，扩充。封疆：分封土地的疆界，疆土。

【原文】

雨之为物，能令昼短，能令夜长。

张竹坡曰：雨之为物，能令天闭眼，能令地生毛，能为水国广封疆①。

【译文】

雨，能让白天变短，能让黑夜变长。

第 44 则

【原文】

古之不传于今者，啸也①、剑术也、弹棋也、打球也②。

黄九烟曰：古之绝胜于今者，官妓、女道士也。

张竹坡曰：今之绝胜于古者，能吏也，猾棍也，无耻也。

庞天池曰：今之必不能传于后者，八股也。

【注释】

①啸：撮口让气流通过舌端发出清越而悠长的声音，是古人的一种修炼方法。

②球：即鞠。古代习武、游戏之具。

【译文】

古代盛行而没有流传到现在的事物，有啸、剑术、弹棋、打球等绝技。

第 45 则

【原文】

诗僧时复有之，若道士之能诗者，不啻空谷足音①，何也？

毕右万曰：僧道能诗，亦非难事，但惜僧道不知禅玄耳。

顾天石曰：道于三教中②，原属第三，应是根器最钝人做③，那得会诗？轩辕弥明，昌黎寓言耳。

尤谨庸曰：僧家势利第一，能诗次之。

倪永清曰：我所恨者，辟谷之法不传。

【注释】

①不啻（chì）：无异于，简直就是。空谷足音：空旷山谷中的脚步声，比喻稀少难得。

②三教：指儒、道、释。

③根器：佛教用语，指

人的禀赋、气质。

【译文】

　　能够作诗的僧人经常可以见到，能够作诗的道士，怎么就这么难见到呢？这是什么原因呢？

第 46 则

【注释】

①萱草：又名忘忧草，据说服食可以使人忘忧。

②毋：勿，不要。

【原文】

当为花中之萱草①，毋为鸟中之杜鹃②。

袁翔甫补评曰：萱草忘忧，杜鹃啼血。

【译文】

　　应当作花草中的萱草，而不去做鸟中的杜鹃。

第 47 则

【注释】

①稚：幼小。

【原文】

物之稚者皆不可厌①，唯驴独否。

黄略似曰：物之老者皆可厌，唯松与梅则否。

倪永清曰：唯癖于驴者，则不厌之。

【译文】

　　稚嫩弱小的动物都不令人生厌，只有驴除外。

第 48 则

【原文】

女子自十四五岁至二十四五岁，此十年中，无论燕、秦、吴、越，其音大都娇媚动人，一睹其貌，则美恶判然矣①。"耳闻不如目见"，于此益信。

吴听翁曰：我向以耳根之有余，补目力之不足。今读此，乃知卿言亦复佳也。

江含徵曰：帘为妓衣，亦殊有见。

张竹坡曰：家有少年丑婢者，当令隔屏私语，灭烛侍寝，何如？

倪永清曰：若逢美貌而恶声者，又当何如？

【译文】

女子从十四五岁到二十四五岁，这十年中，无论是燕、秦、吴、越哪个地方的人，她们的声音大都娇媚动听；只要一看到她们的面貌，就可以判断她们的美丑了。"耳闻不如目见"，由此我更深信不疑了。

第 49 则

【原文】

寻乐境，乃学仙①；避苦趣，乃学佛。佛家所谓"极乐世界"者，盖谓众苦之所不到也。

江含徵曰：着败絮行荆棘中，固是苦事；彼披忍辱铠者，亦未得优游自到也②。

陆云士曰：空诸所有，受即是空，其为苦乐，不足言矣，故学佛优于学仙。

【译文】

要想寻找快乐的地方，就去学成仙的方法；要逃避痛苦和烦恼，就去学习成佛；佛家所说的"极乐世界"，大概就是所说的没有痛苦的地方。

第 50 则

【原文】

富贵而劳悴，不若安闲之贫贱；贫贱而骄傲，不若谦恭之富贵。

曹实庵曰：富贵而又安闲，自能谦恭也。

许师六曰：富贵而又谦恭，乃能安闲耳。

张竹坡曰：谦恭安闲，乃能长富贵也。

张迂庵曰：安闲乃能骄傲，劳悴则必谦恭。

【译文】

如果富贵了而忧愁、劳累，倒不如贫贱时安闲自在；如果清贫却骄傲自大，那就不如富贵而谦逊有礼的好。

第 51 则

【原文】

目不能自见，鼻不能自嗅^①，舌不能自舐^②，手不能自握，唯耳能自闻其声。

弟木山曰：岂不闻"心不在焉、听而不闻"乎？兄其诳我哉。

张竹坡曰：心能自信。

释师昂曰：古德云^③："眉与目不相识，只为太近。"

【注释】

①嗅（xiù）：闻。

②舐（shì）：舔。

③古德：佛教徒对年高有道的高僧之尊称。

【译文】

眼睛不能看到自己，鼻子不能闻到自己，舌头不能舔到自己，手不能握住自己，只有耳朵能听见自己的声音。

第 52 则

【原文】

凡声皆宜远听，唯听琴则远近皆宜。

王名友曰：松涛声、瀑布声、箫笛声、潮声、读书声、钟声、梵声，皆宜远听。唯琴声、度曲声^①、雪声，非至近，不能得其离合抑扬之妙。

庞天池曰：凡色皆宜近看，唯山色远近皆宜。

【注释】

①度曲：这里指唱曲。

【译文】

所有的声音都适合在远处听，只有琴声远听近听皆适宜。

第 53 则

【注释】

①执管：握笔写字。

管，笔杆，代指毛笔。

【原文】

目不能识字，其闷尤过于盲；手不能执管①，其苦更甚于哑。

陈鹤山曰：君独未知今之不识字、不握管者，其乐尤过于不盲不哑者也。

【译文】

长了眼睛却不认得字，这比瞎子还要苦闷；生有双手而不会执笔写字，这比哑巴还要痛苦。

第 54 则

【注释】

①并头：头并排靠在一起。

②交颈：脖子紧紧依偎。

③历使：奉命出使。

④极：穷尽，达到极限。

【原文】

并头联句①，交颈论文②，宫中应制，历使属国③，皆极人间乐事④。

狄立人曰：既已并头交颈，即欲联句论文，恐亦有所不暇。

汪舟次曰：历使属国，殊不易易。

孙松坪曰：邯郸旧梦，对此惘然。

张竹坡曰：并头交颈，乐事也；联句论文，亦乐事也。是以两乐并为一乐者，则当以两夜并一夜方妙。然其乐一刻，胜于一日矣。

沈契掌曰：恐天亦见妒。

【译文】

头靠头对句作诗，颈对颈谈论诗文，在宫中应皇上之命撰写文章，身为钦差走遍各国，都是世间最快乐的事。

第 55 则

【原文】

《水浒传》武松诘蒋门神云："为何不姓李？"此语殊妙。盖姓实有佳有劣，如华、如柳、如云、如苏、如乔，皆极风韵；若夫毛也、赖也、焦也、牛也，则皆尘于目而棘于耳者也。

先渭求曰：然则君为何不姓李耶？

张竹坡曰：止闻今张昔李，不闻今李昔张也。

【译文】

《水浒传》中武松问蒋门神说："为什么不姓李？"这句话问得好，因为姓氏确实也有好坏之别，如姓华、姓柳、姓苏、姓乔，都十分雅致；而像姓毛、赖、焦、牛，都是看起来不雅观，听起来更刺耳。

第 56 则

【原文】

花之宜于目而复宜于鼻者①，梅也、菊也、兰也、水仙也、珠兰也、莲也②。止宜于鼻者，橼也、桂也、瑞香也、栀子也、茉

【注释】

①宜于目而复宜于鼻：既外形美观，又花香沁人。

②珠兰：又名珍珠兰、金粟兰，常绿灌木，初夏开黄绿色的花，可供观赏，极芳香。

③紫薇：俗称百日红，落叶小乔木，夏季开花。

④花阵：花木的行列。

莉也、木香也、玫瑰也、蜡梅也。余则皆宜于目者也。花与叶俱可观者，秋海棠为最，荷次之，海棠、酴醾、虞美人、水仙又次之。叶胜于花者，止雁来红、美人蕉而已。花与叶俱不足观者，紫薇也、辛夷也③。

周星远曰：山老可当花阵一面④。

张竹坡曰：以一叶而能胜诸花者，此君也。

【译文】

鲜花中既美观好看又芳香宜人的是：梅、菊、兰、水仙、珠兰、莲；芳香宜人只适宜闻的是：橡、桂、瑞香、栀子、茉莉、木香、玫瑰、蜡梅。其余的都只是好看而已。花和叶都十分漂亮可观的，秋海棠为最佳，荷花在其次，海棠、酴醾、虞美人、水仙又排在荷花的后面；叶子比花还要好看的，只有雁来红和美人蕉而已；花和叶都不值得观赏的是紫薇和辛夷。

第 57 则

【注释】

①高语山林：高谈阔论山林隐居一类清高的事情。

②审：果真，确实。

③经纶（guān）：整理丝缕。引申为治理国家大事。

【原文】

高语山林者①，辄不喜谈市朝事。审若此②，则当并废《史》、《汉》诸书而不读矣。盖诸书所载者，皆古之市朝也。

张竹坡曰：高语者，必是虚声处士；真入山者，方能经纶市朝③。

【译文】

高谈阔论山林隐逸之事的人，就不喜欢谈论市井朝廷的事。

果然是这样的话，就应该放弃《史记》、《汉书》等书不去读。因为这些书所记载的，都是古代社会争名逐利的事情。

第 58 则

【原文】

云之为物，或崔巍如山①，或潋滟如水②，或如人，或如兽，或如鸟毳③，或如鱼鳞。故天下万物皆可画，唯云不能画。世所画云，亦强名耳。

何蔚宗曰：天下百官皆可做，唯教官不可做。做教官者，皆谪戍耳。

张竹坡曰：云有反面正面，有阴阳向背，有层次内外。细观其与日相映，则知其明处乃一面，暗处又一面。尝谓古今无一画云手，不谓《幽梦影》中先得我心。

【注释】

①崔巍：高峻的样子。

②潋滟（liàn yàn）：水波荡漾的样子。

③毳（cuì）：鸟兽的细毛。

【译文】

云飘游天空幻化为物，有时像高大雄伟的山，有时像汹涌而来的水，有时候像走兽，有时候像鸟的羽毛，有时候像鱼鳞；因此天下万物都可以画，唯独云不能画。世间所谓的画云者，也都是强加的名号而已。

第 59 则

【注释】

①值：遇上。

②湖山郡：有山有水、自然条件优越的郡县。

③造物：造物主，创造万物者。

【原文】

　　值太平世①，生湖山郡②；官长廉静，家道优裕；娶妇贤淑，生子聪慧。人生如此，可云全福。

　　许筱林曰：若以粗笨愚蠢之人当之，则负却造物③。

　　江含徵曰：此是黑面老子要思量做鬼处。

　　吴岱观曰：过屠门而大嚼，虽不得肉，亦且快意。

　　李荔园曰：贤淑聪慧，尤贵永年，否则福不全。

【译文】

　　处在太平盛世，生活在有山有水的地方，地方官廉洁清正，自己的家境富裕，娶一个贤惠淑德的妻子，生有聪明伶俐的孩子。人生若能够这样，可算是美满幸福了。

第 60 则

【注释】

①其制日工：其制作越来越精细。

【原文】

　　天下器玩之类，其制日工①，其价日贱，毋惑乎民之贫也。

　　张竹坡曰：由于民贫，故益工而益贱。若不贫，如何肯贱？

【译文】

　　世上供人赏玩的器皿，它们的制作越来越精致，它们的价格却越来越低，于是就不用怀疑世人越来越贫穷了。

第 61 则

【原文】

养花胆瓶①，其式之高低大小，须与花相称；而色之浅深浓淡，又须与花相反。

程穆倩曰：足补袁中郎《瓶史》所未逮。

张竹坡曰：夫如此，有不甘去南枝而生香于几案之右者乎②！名花心足矣。

王宓草曰：须知相反者，正欲其相称也。

【译文】

养花的花瓶，它们的高低、大小、形状，必须要与花的大小、高低成比例；而花瓶的颜色的深浅、浓淡，又必须要与花相反。

【注释】

①胆瓶：花瓶的一种，因其颈长腹大、形如悬胆而得名。

②南枝：南向的树枝，后多指思念家乡。

第 62 则

【原文】

春雨如恩诏①，夏雨如赦书②，秋雨如挽歌③。

张谐石曰：我辈居恒苦饥，但愿夏雨如馒头耳。

张竹坡曰：赦书太多，亦不甚妙。

【译文】

春雨就像皇帝颁布施恩的诏书，夏雨就像国家颁布的赦令，秋雨就像哀悼丧者的挽歌。

【注释】

①恩诏：帝王降恩时所下的诏书。

②赦书：免除罪行的文书。

③挽歌：古代送葬时所唱的哀悼死者的歌。

第 63 则

①必：确定，一定。

【原文】

十岁为神童，二十三十为才子，四十五十为名臣，六十为神仙，可谓全人矣。

江含徵曰：此却不可知，盖神童原有仙骨故也，只恐中间做名臣时，堕落名利场中耳。

杨圣藻曰：人孰不想？难得有此全福。

张竹坡曰：神童、才子由于己，可能也；名臣由于君，仙由于天，不可必也①。

顾天石曰：六十神仙，似乎太早。

【译文】

如果十岁成为聪明伶俐的神童，二三十岁成为才子，四五十岁成为朝廷名臣，六十岁过着神仙一样的生活，那么这样的人生就十全十美了。

第 64 则

【注释】

①不苟战：不随便出战、不蛮干。

②迂腐：拘泥于陈旧的、固定的模式、准则；不知变通，不合时

【原文】

武人不苟战①，是为武中之文；文人不迂腐②，是为文中之武。

梅定九曰：近日文人不迂腐者颇多，心斋亦其一也。

顾天石曰：然则心斋直谓之武夫可乎？笑笑。

王司直曰：是真文人，必不迂腐。

宜。形容人很老实。

【译文】

武人能够不轻率地进行战争，就是武夫中的文人；文人不固执迂腐，就是文人中的武将。

第 65 则

【原文】

文人讲武事，大都纸上谈兵；武将论文章，半属道听途说①。

吴街南曰：今之武将讲武事，亦属纸上谈兵；今之文人论文章，大都道听途说。

【注释】

①道听途说：没有根据的传言。这里是指没有自己的见解，人云亦云。

【译文】

文人谈论军事，大多是纸上谈兵；武将谈论文章，多半是道听途说而来。

第 66 则

【原文】

斗方止三种可存：佳诗文一也，新题目二也①，精款式三也。

闵宾连曰：近年斗方名士甚多，不知能入吾心斋彀中否也②？

【注释】

①新题目：题目新奇。

②彀（gòu）中：弓箭射程所及的范围，这里指选择范围。

【译文】

书画用纸只有三种可用：精美的诗文是其一，新颖的题目是其二，精致的款式是其三。

第 67 则

【注释】

①趣：趣味，情趣。化：化境，造诣很高的精妙境界。

【原文】

情必近于痴而始真，才必兼乎趣而始化①。

陆云士曰：真情种、真才子能为此言。

顾天石曰：才兼乎趣，非心斋不足当之。

尤慧珠曰：余情而痴则有之，才而趣则未能也。

【译文】

感情一定要接近痴迷才算真诚，才华一定要具备情趣才能接近高超的境界。

第 68 则

【注释】

①结实：结出果实。
②谢：凋谢。

【原文】

凡花色之娇媚者，多不甚香；瓣之千层者，多不结实①**。甚矣！全才之难也！兼之者，其唯莲乎！**

殷日戒曰：花叶根，实无所不空，亦无不适于用，莲则全有其德者也。

贯玉曰：莲花易谢②，所谓有全才而无全福也。

王丹麓曰：我欲荔枝有好花，牡丹有佳实，方妙。

尤谨庸曰：全才必为人所忌，莲花故名君子。

【译文】

　　凡是花的颜色娇艳妩媚的，大多没有浓郁的芳香；花瓣有很多层的，大多都不结果实；能够兼备这些优点的全才就更难得了。能够兼有这些的大概只有莲花啊！

第 69 则

【原文】

　　著得一部新书，便是千秋大业；注得一部古书①，允为万世宏功②。

　　黄交三曰：世间难事，注书第一。大要于极寻常书，要看出作者苦心。

　　张竹坡曰：注书无难，天使人得安居无累，有可以注书之时与地为难耳。

【注释】

①注：注解。

②允：确实。宏功：形容功劳很大。

【译文】

　　写出一本有意义的新书，就成就了流传千古的千秋大业；注解出一部古书，也有着恩泽后世的大功劳。

第 70 则

【原文】

延名师训子弟①，入名山习举业②，丐名士代捉刀③，三者都无是处。

陈康畴曰：大抵名而已矣，好歹原未必着意。

殷日戒曰：况今之所谓名乎！

【译文】

延请名师来教育子弟，跑到名山上去学习科举考试的学业，乞求名士来代替自己写文章，这三种方法都不可取。

第 71 则

【原文】

积画以成字①，积字以成句，积句以成篇，谓之文。文体日增，至八股而遂止。如古文，如诗，如赋，如词，如曲，如说部②，如传奇小说，皆自无而有。方其未有之时，固不料后来之有此一体也。逮既有此一体之后③，又若天造地设，为世必应有之物。然自明以来，未见有创一体裁新人耳目者。遥计百年之后④，必有其人，惜乎不及见耳。

陈康畴曰：天下事从意起，山来今日既作此想，安知其来生不即为此辈翻新之士乎！惜乎今人不及知耳。

陈鹤山曰：此是先生应以创体身得度者，即现创体身而为设法。

孙恺似曰：读心斋别集，拈四子书题，以五七言韵体行之，无不入妙，叹其独绝。此则直可当先生自序也。

张竹坡曰：见及于此，是必能创之者。吾拭目以待新裁。

【译文】

　　笔画积累起来汇集成为字，把字积累起来汇集成为句，句子积累起来成为篇，称之为文章。文体不断增加，到八股文时就停止了。像古文、诗、赋、词、曲、小说、传奇，这些都是从无到有的。当这种文体还没有出现的时候，当然不会想到后来有这种文体的出现；一旦这种文体出现之后，就好像天造地设一定会出现一样。但是从明朝以来，还没有人创造出让人耳目一新的文体来。估计远在百年之后，一定会有创造新体的人，可惜我看不见了。

第 72 则

【原文】

　　云映日而成霞，泉挂岩而成瀑，所托者异，而名亦因之①。此友道之所以可贵也。

张竹坡曰：非日而云不映，非岩而泉不挂，此友道之所以当择也。

【注释】

①因：跟着，随之而变化。

【译文】

　　云被日照变成彩霞，泉水因为悬挂在岩石上而被称为瀑布，所依托的东西不同，它们的名称也不一样。这就是交友之道的可贵之处。

第 73 则

【原文】

　　大家之文①，吾爱之慕之，吾愿学之；名家之文，吾爱之慕之，吾不敢学之。学大家而不得，所谓刻鹄不成尚类鹜也；学名家而不得，则是画虎不成反类狗矣。

　　黄旧樵曰：我则异于是，最恶世之貌为大家者。

　　殷日戒曰：彼不曾闯其藩篱②，乌能窥其阃奥③，只说得隔壁话耳。

　　张竹坡曰：今人读得一两句名家，便自称大家矣。

【译文】

　　大家的文章，我喜欢它、羡慕它，并且想要去学习它；名家的文章，我喜欢它、羡慕它，但是却不敢去学习它。学习大家的文章，达不到他的水平，像画不成天鹅还可以画成鸭子；学名家的文章达不到他的水平，就像画虎不成却成了狗一样。

第 74 则

【原文】

　　由戒得定，由定得慧，勉强渐近自然①；炼精化气，炼气化神，清虚有何渣滓②。

　　袁中江曰：此二氏之学也，吾儒何独不然？

　　陆云士曰：《楞严经》、《参同契》精义尽涵在内。

　　尤悔庵曰：极平常语，然道在是矣。

【译文】

　　由修行达到心神专注，由专注的状态而获得通达的状态，渐修渐进就能进入空灵超越的境地；练精而化为元气，练元气而化为元神，达到空虚寂静的境界，就不会再有任何私心杂念了。

第 75 则

【原文】

　　南北东西，一定之位也①；前后左右，无定之位也②。

　　张竹坡曰：闻天地昼夜旋转，则此东西南北，亦无定之位也。或者天地外贮此天地者，当有一定耳。

【注释】

①一定之位：固定不变的方位。

②无定之位：没有一个定准、变来变去的方位。

【译文】

　　南、北、东、西，是固定不变的位置，前、后、左、右，是随时变化的方位，不是固定不变的。

第 76 则

【原文】

　　予尝谓二氏不可废，非袭夫大养济院之陈言也①。盖名山胜境，我辈每思搴裳就之②。使非琳宫梵刹③，则倦时无可驻足，饥时谁与授餐。忽有疾风暴雨，五大夫果真足恃乎？又或丘壑深邃，非一日可了，岂能露宿以待明日乎？虎豹蛇虺，能保其不为人患乎④？又或为士大夫所有，果能不问主人，任我之登陟凭吊而莫之禁乎⑤？不特此也⑥，甲之所有，乙思起而夺之，是启争端也。

【注释】

①养济院：古代官办的收养老病孤寡、贫民乞丐的机构。

②搴（qiān）裳：同"褰裳"，提起衣服，形容上山或过河这样的动作。就：靠近，这

里是游览之意。

③使：假使，假如。

④不为人患乎：不危害人吗？

⑤登陟（zhì）凭吊：登上山去怀古。陟，登。

⑥不特：不仅。

⑦四达之衢：四通八达的大道。

⑧居停：暂时歇脚或租寓的地方。

⑨负戴：背负头戴，泛指劳役。

⑩此辈：指出家的僧道等人。

祖父之所创建，子孙贫，力不能修葺，其倾颓之状，反足令山川减色矣。然此特就名山胜境言之耳。即城市之内，与夫四达之衢⑦，亦不可少此一种。客游可作居停⑧，一也；长途可以稍憩，二也；夏之茗，冬之姜汤，复可以济役夫负戴之困⑨，三也。凡此皆就事理言之，非二氏福报之说也。

释中洲曰：此论一出，量无悭檀越矣。

张竹坡曰：如此处置此辈甚妥⑩。但不得令其于人家丧事诵经，吉事拜忏；装金为像，铸铜作身；房如宫殿，器御钟鼓，动说因果。虽饮酒食肉，娶妻生子，总无不可。

石天外曰：天地生气，大抵五十年一聚。生气一聚，必有刀兵、饥馑、瘟疫，以收其生气。此古今一治一乱必然之数也。自佛入中国，用剃度出家法绝其后嗣，天地盖欲以佛节古今之生气也。所以，唐、宋、元、明以来，剃度者多，而刀兵劫数稍减于春秋、战国、秦、汉诸时也。然则佛氏且未必无功于天地，宁特人类已哉。

【译文】

我曾经说过佛道两教是不可以被废掉的，这并不是在沿袭大养济院的说法。名山大川，游览胜景，是我们这些人都喜欢的。假如没有了道观、寺院，那么我们疲倦时在哪里歇息，饥饿时谁给我们吃的呢？忽然遇见暴风骤雨，泰山顶上的五大夫送书真的可以保护你吗？再假如身处幽深的山谷，不是一天可以出得来时，难道可以露宿山中等待明天的到来吗？虎豹蛇虫难道就不会伤害人吗？又假如这些都为官宦所有，真的能不征求主人同意，随我们任意游玩、追怀古人遗迹而不加以禁止吗？还不仅仅是这些。倘如这是为甲所有，而乙又想夺为己有，这就会引起两者之间的争端。祖辈们创建的，然而到子孙时由于家贫无力修缮而使得名胜古迹逊色了不少。这还只是就名山胜景来说。然而在城市之内，四通八达的道路旁，也少不了这种道观、寺院。可以作为游客的旅舍，这是第一个用途；长途跋涉可以稍事休息，这是第二个用途；夏天有清茶，冬天有姜汤，还可以接济役夫的旅途劳顿，这是第三个用途。所有这些都是用事实来说话的，不是佛道两教的"福报"的说法。

第 77 则

【原文】

虽不善书，而笔砚不可不精；虽不业医①，而验方不可不存②；虽不工弈，而楸枰不可不备③。

江含徵曰：虽不善饮，而良酝不可不藏，此坡仙之所以为坡仙也。

顾天石曰：虽不好色，而美女妖童不可不蓄。

毕右万曰：虽不习武，而弓矢不可不张。

【注释】

①业医：以医为业，当医生。

②验方：屡次使用证明有效的医药方。

③楸枰（qiū píng）：棋盘。古代围棋棋盘多用楸木做成。

【译文】

虽然不擅长书法，毛笔、砚台也不能不精良；虽然不精通医术，有效的药方却不能不收藏；虽然不精通下棋，但是棋盘不可以不准备。

第 78 则

【原文】

方外不必戒酒①，但须戒俗；红裙不必通文②，但须得趣。

【注释】

①方外：世俗之外，这

里是指僧人、道士等出
家人。

②红裙：代指女性。

朱其恭曰：以不戒酒之方外，遇不通文之红裙，必有可观。

陈定九曰：我不善饮，而方外不饮酒者誓不与之语；红裙若
不识趣，亦不乐与近。

释浮村曰：得居士此论，我辈可放心豪饮矣。

弟东圃曰：方外并戒了化缘方妙。

【译文】

僧人道士不一定要戒酒，但是必须要戒除俗行俗念；女人不
一定要精通文章，但是要懂得情趣。

第 79 则

【注释】

①拙：朴拙。

②巧：小巧，精巧。

【原文】

**梅边之石宜古，松下之石宜拙①，竹傍之石宜瘦，盆内之石
宜巧②。**

周星远曰：论石至此，直可作九品中正。

释中洲曰：位置相当，足见胸次。

【译文】

梅树旁的石头应该是古雅的，松树下面的石头应该是粗拙的，
翠竹旁的石头应该是很清瘦的，盆景内的石头应该是很精巧的。

第 80 则

【原文】

律己宜带秋气①，处世宜带春气②。

孙松楸曰：君子所以有矜群而无争党也。

胡静夫曰：合夷惠为一人，吾愿亲炙之③。

尤悔庵曰：皮里春秋。

【注释】

①律己：对自身约束和要求。

②春气：春天温暖和煦，长养万物，比喻和蔼亲切。

③亲炙（zhì）：直接受到传授、教导。

【译文】

要求自己应该要有秋天般的严厉，对待别人要有春天般暖融融的精神。

第 81 则

【原文】

厌催租之败意，亟宜早早完粮①；喜老衲之谈禅②，难免常常布施。

释中洲曰：居士辈之实情，吾僧家之私冀，直被一笔写出矣。

瞎尊者曰：我不会谈禅，亦不敢妄求布施，唯闲写青山卖耳。

【注释】

①亟：赶快，急速。

②老衲：老和尚。

【译文】

讨厌收租催债破坏意兴，最好早早把租税交完；喜欢听僧人谈经说禅，就免不了施舍一些财物。

第 82 则

【注释】

①梵呗：佛教做法事时的歌咏赞叹之声。

【原文】

松下听琴，月下听箫，涧边听瀑布，山中听梵呗①，觉耳中别有不同。

张竹坡曰：其不同处，有难于向不知者道。

倪永清曰：识得"不同"二字，方许享此清听。

【译文】

松树下听琴声，月光下听箫声，山涧边听瀑布激流的声音，深山中听僧人诵经的声音，总觉得有不同的感受。

第 83 则

【注释】

①肝胆：比喻豪情壮志。

②笃（dǔ）：实在，深厚。

【原文】

月下听禅，旨趣益远；月下说剑，肝胆益真①；月下论诗，风致益幽；月下对美人，情意益笃②。

袁士旦曰：溽暑中赴华筵，冰雪中应考试，阴雨中对道学先生，与此况味何如？

【译文】

月光下听禅经要义，领悟会更加深邃；月光下谈论剑术，肝胆相照的心会更真诚；月光下谈论诗词，韵味会更加幽雅；月光下对美人，情意会更加真切。

第 84 则

【原文】

有地上之山水，有画上之山水，有梦中之山水，有胸中之山水。地上者，妙在丘壑深邃①；画上者，妙在笔墨淋漓②；梦中者，妙在景象变幻；胸中者，妙在位置自如③。

周星远曰：心斋《幽梦影》中文字，其妙亦在景象变幻。

殷日戒曰：若诗文中之山水，其幽深变幻更不可以名状。

江含徵曰：但不可有面上之山水。

余香祖曰：余境况不佳，水穷山尽矣。

【注释】

①丘壑深邃：山高谷深。壑，山沟或大水坑。

②淋漓：液体湿湿地淌下，即流淌的样子。

③位置：安排，安置。

【译文】

有大地上的山水风景，有画中描绘的山水，有梦中向往的山水，有胸怀中孕育的山水。地上的山水，妙在丘陵沟壑，自然而出，幽深真切；画上的山水妙在笔墨洒脱，酣畅淋漓；梦中的山水，妙在景象变幻无穷；胸中的山水，妙在自由组合，可以随心所欲地安置。

第 85 则

【原文】

一日之计种蕉，一岁之计种竹，十年之计种柳，百年之计种松。

周星远曰：千秋之计，其著书乎？

张竹坡曰：百世之计种德。

【译文】

　　要从一天计划，那就选择种芭蕉树；要从一年计划，就选择种竹子；如果从十年考虑就种柳树；要是为一百年作打算就种松树。

第 86 则

【注释】

①检藏：翻检旧藏这类琐细之事。

【原文】

春雨宜读书，夏雨宜弈棋，秋雨宜检藏①，冬雨宜饮酒。

周星远曰：四时唯秋雨最难听，然予谓无分今雨旧雨，听之要皆宜于饮也。

【译文】

　　春季下雨时最适合阅读诗书，夏季下雨时最适宜下棋，秋季下雨最适合翻检收藏物品，冬季下雨时最适宜饮酒。

第 87 则

【注释】

①陶诗：陶渊明的诗。

欧文：欧阳修的文章。

【原文】

诗文之体得秋气为佳，词曲之体得春气为佳。

江含徵曰：调有惨淡悲伤者，亦须相称。

殷日戒曰：陶诗、欧文①，亦似以春气胜。

【译文】

　　诗歌散文这两种文体的创作带有秋天的气息更能反映其特色，词曲这两种文体的创作带有春天的气息更能体现词曲的意境。

第 88 则

【原文】

抄写之笔墨，不必过求其佳；若施之缣素①，则不可不求其佳。诵读之书籍，不必过求其备②；若以供稽考，则不可不求其备。游历之山水③，不必过求其妙；若因之卜居，则不可不求其妙。

冒辟疆曰：外遇之女色，不必过求其美；若以作姬妾，则不可不求其美。

倪永清曰：观其区处条理④，所在经济可知⑤。

王司直曰：求其所当求，而不求其所不必求。

【译文】

用来抄写书的笔墨，不一定要最优良的；如果要在白绢上作诗，那就不能不选择质地最佳的了。用来诵读的书籍，不必要求得过于齐全；假如是用来考校求证的书籍，就不能不要求齐全的了。游山玩水，不必要求得过于秀丽精妙；如果要是用来居住，则不能不要求环境幽美了。

【注释】

①施之缣素：书写或画在白绢上。

②备：完备。

③游历：游览。

④区处：处理，策划安排。

⑤经济：指关于生活、生计方面的主张。

第 89 则

【原文】

人非圣贤，安能无所不知？只知其一，唯恐不止其一，复求知其二者，上也；止知其一，因人言始知有其二者，次也；止知其一，人言有其二而莫之信者①，又其次也；止知其一，恶人言其二者②，斯下之下矣。

【注释】

①莫之信：即"莫信之"，不相信这说法。

②恶：厌恶，讨厌。

周星远曰：兼听则聪，心斋所以深于知也。

倪永清曰：圣贤大学问，不意于清语得之。

【译文】

人不是圣贤，怎么可能什么都知道呢？只知道其中一点，又担心不仅仅是这一点，而去了解其他的内容的，这是最好的求知者；只知道其中一点，经别人说起而知道了另一点的人，是次一些的求知者；只知道其中一点，当别人说起另外的内容时不相信的人，是求知者中更差一些的人；只知道其中一点，而讨厌别人说另外的内容的，是最差的求知者。

第 90 则

【原文】

史官所纪者，直世界也；职方所载者，横世界也。

袁中江曰：众宰官所治者，斜世界也。

尤悔庵曰：普天下所行者，混沌世界也。

顾天石曰：吾尝思天上之天堂，何处筑基？地下之地狱，何处出气？世界固有不可思议者。

【译文】

史官所记载的事件，是一个纵深的世界；地方官所记载的事件，是一个横向的世界。

第 91 则

【原文】

先天八卦，竖看者也；后天八卦，横看者也。

吴街南曰：横看竖看，皆看不着。

钱目天曰：何如袖手旁观。

【译文】

伏羲创制的先天八卦，是竖着看的；周文王创制的后天八卦，是横着看的。

第 92 则

【原文】

藏书不难，能看为难；看书不难，能读为难①；读书不难，能用为难；能用不难，能记为难②。

洪去芜曰：心斋以能记次于能用之后，想亦苦记性不如耳。世固有能记而不能用者。

王端人曰：能记、能用，方是真藏书人。

张竹坡曰：能记固难，能行尤难。

【注释】

①读：精读，仔细研读。

②记：牢记下来。

【译文】

收藏书籍并不难，难的是去读；读书并不困难，难的是理解其中的深意；能理解书中的知识并不困难，难的是应用这些知识；能用这些知识也不困难，难的是能记住这些知识。

第 93 则

【原文】

求知己于朋友易，求知己于妻妾难，求知己于君臣则尤难之难①。

王名友曰：求知己于妾易，求知己于妻难，求知己于有妾之妻尤难。

张竹坡曰：求知己于兄弟亦难。

江含徵曰：求知己于鬼神则反易耳。

【译文】

在朋友中寻找知己容易，在妻妾之中找知己比较困难，在君臣中找知己难上加难。

第 94 则

【原文】

何谓善人？无损于世者，则谓之善人；何谓恶人？有害于世者，则谓之恶人。

江含徵曰：尚有有害于世而反邀善人之誉，此实为好利而显为名高者，则又恶人之尤。

【译文】

什么样的人可以称之为善人？对社会对世人没有损害的人，可以称之为善人；什么样的人是恶人？对社会对世人有损害的人，称之为恶人。

第 95 则

【原文】

有工夫读书，谓之福；有力量济人，谓之福；有学问著述，谓之福；无是非到耳，谓之福；有多闻直谅之友①，谓之福。

殷日戒曰：我本薄福人，宜行求福事，在随时儆醒而已。

杨圣藻曰：在我者可必，在人者不能必。

王丹麓曰：备此福者，惟我心斋。

李水樵曰：五福骈臻固佳②，苟得其半者，亦不得谓之无福。

倪永清曰：直谅之友，富贵人久拒之矣，何心斋反求之也？

【注释】

①多闻直谅：为人正直诚实，学识广博。

②骈臻（piánzhēn）：并至，一并到来。

【译文】

有工夫读书学习，可以说是福气；有能力接济别人，可以说是福气；有学识著书立说，可以说是福气；没有听到是非之事，可以说是福气；有学识渊博、正直可信的朋友，可以说是福气。

第 96 则

【原文】

人莫乐于闲，非无所事事之谓也。闲则能读书，闲则能游名胜，闲则能交益友，闲则能饮酒，闲则能著书。天下之乐，孰大于是？

陈鹤山曰：然则正是极忙处。

黄交三曰：闲字前，有止敬功夫①，方能到此。

尤悔庵曰：昔人云"忙里偷闲"，闲而可偷，盗亦有道矣。

【注释】

①止敬：尊重，恭敬。

李若金曰：闲固难得。有此五者，方不负闲字。

【译文】

　　人没有不乐于清闲的，但是清闲并不是无所事事。有空闲的时间可以读书，有空闲的时间可以游览名胜古迹，有空闲的时间可以结交好友，有空余的时间可以饮酒，有空余的时间可以著书立说。天下快乐的事，有什么可以比得过这些呢？

第 97 则

【原文】

　　文章是案头之山水，山水是地上之文章。

　　李圣许曰：文章必明秀，方可作案头山水；山水必曲折，乃可名地上文章。

【译文】

　　文章是安放在书案上的山水，山水是书写在大地上的文章。

第 98 则

【注释】

①隶：附属，归附。

②干：干犯，冒犯。

③诗韵：作诗歌韵文据以押韵的书。

【原文】

　　平上去入，乃一定之至理。然人声之为字也少，不得谓凡字皆有四声也。世之调平仄者，于人声之无其字者，往往以不相合之音隶于其下①。为所隶者，苟无平上去之三声，则是以寡妇配鳏夫，犹之可也。若所隶之字自有其平上去之三声，而欲强以从

我，则是干有夫之妇矣②，其可乎？姑就诗韵言之③，如东、冬韵，无入声者也，今人尽调之以东、董、冻、督。夫督之为音，当附于都、睹、妒之下；若属之于东、董、冻，又何以处夫都、睹、妒乎？若东、都二字俱以督字为入声，则是一妇而两夫矣。三江无入声者也，今人尽调之以江、讲、绛、觉，殊不知觉之为音，当附于交、绞、教之下者也。诸如此类，不胜其举。然则如之何而后可？曰：鳏者听其鳏，寡者听其寡，夫妇全者安其全，各不相干而已矣。（东、冬、欢、桓、寒、山、真、文、元、渊、先、天、庚、青、侵、盐、咸诸部，皆无入声者也。屋、沃内如秃、独、鹄、束等字，乃鱼、虞韵，内都、图等字之入声；卜、木、六、仆等字，乃五歌部之入声；玉、菊、狱、育等字，乃尤部之入声。三觉、十药，当属于萧、肴、豪；质、锡、职、缉，当属于支、微、齐。质内之桔、卒，物内之郁、屈，当属于虞、鱼；物内之勿、物等音，无平上去者也；讫、乞等，四支之入声也。陌部乃佳、灰之半，开、来等字之入声也。月部之月、厥、阙、谒等及屑、叶二部，古无平上去，而今则为中州韵内车、遮诸字之入声也。伐、发等字、及曷部之括、适及八黠全部，又十五合内诸字，又十七洽全部，皆六麻之入声也。曷内之撮、阔等字，合部之合、盒数字，皆无平上去者也。若以缉、合、叶、洽为闭口韵，则止当谓之无平上去之寡妇，而不当调之以侵、寝、缉、咸、喊、陷、洽也。）

　　石天外曰：中州韵无入声，是有夫无妇，天下皆成旷夫世界矣④。

④旷夫：没有妻子的成年男子。

【译文】

　　平上去入四声，是音调中不可改变的。然而入声字很少，不能说所有字都有四声。世人所说的平仄，在某个字没有入声的时候，往往用与这个字不相干的字归类于它的下面。这个被用来的字，若是没有平上去三声，那就像将寡妇嫁给鳏夫一样，那还说得过去；如果这个字本身就有平上去三声，却要强行将其加入到去声，就像是强暴有夫之妇，这样可以吗？暂且就以诗韵来说吧，如东、董是没有入声的，现在却有人安排成东、董、冻、督。"督"以音分，应该归类到都、睹、妒的下面，如果把它归类到东、董、冻的下面，那又怎么解释都、睹、妒这些字呢？如果东和都这两个字都是以"督"作为入声，那就好像一个女人嫁给了两个丈夫。三江韵部无入声字，现在有人把它安排为江、讲、绛、觉，根本就不知道"觉"字应该归类于交、绞的下面。像这种情况举不胜举。既然如此，怎样处理才最妥当呢？我认为：鳏夫就让他做鳏夫，寡妇就让她当寡妇，夫妇尚且完好的，就让他们保持原样，互不相干就可以了。（后边内容略去）

第 99 则

①东坡肉：一种煮得极为酥烂的猪肉。传说这种煮法来自苏东坡。

【原文】

《水浒传》是一部怒书，《西游记》是一部悟书，《金瓶梅》是一部哀书。

江含徵曰：不会看《金瓶梅》，而只学其淫，是爱东坡者，但喜吃东坡肉耳①。

殷日戒曰：《幽梦影》是一部快书。

朱其恭曰：余谓《幽梦影》是一部趣书。

【译文】

《水浒传》是一部发泄愤怒的书，《西游记》是一部性灵悟道的书，《金瓶梅》是一部感叹世事的书。

第 100 则

【原文】

　　读书最乐，若读史书则喜少怒多；究之①，怒处亦乐处也。

　　张竹坡曰：读到喜怒俱忘，是大乐境。

　　陆云士曰：余尝有句云："读《三国志》，无人不为刘②；读《南宋书》，无人不冤岳③。"第人不知怒处亦乐处耳。怒而能乐，唯善读史者知之。

【注释】

①究之：仔细推究，归根结底。

②刘：刘备，字玄德，涿县人。三国蜀汉政权的建立者。

③冤岳：觉得岳飞冤屈。

【译文】

　　读书是最快乐的事情，如果是读史书，则是高兴的时候少，愤怒的时候多；仔细体会愤怒的地方，也是值得高兴的地方。

第 101 则

【原文】

　　发前人未发之论，方是奇书；言妻子难言之情，乃为密友。

　　孙恺似曰：前二语是心斋著书本领。

　　毕右万曰：奇书我却有数种，如人不肯看何①？

　　陆云士曰：《幽梦影》一书所发者，皆未发之论；所言者，皆难言之情。欲语羞雷同，可以题赠。

【注释】

①如人不肯看何：人家不肯看，又有什么办法。

【译文】

　　写出前人没有发出过的议论，才称得上是奇书；表达出妻子儿女说不出的感情，才能称得上是密友。

第 102 则

【注释】

①一介之士：一个普通人。

②大率：大概，大致来说。

③浮言：流言飞语，没根据的话。

④不必与闻：不一定亲自听当事的朋友说起。

【原文】

一介之士①，必有密友，密友不必定是刎颈之交。大率虽千百里之遥②，皆可相信，而不为浮言所动③；闻有谤之者，即多方为之辩析而后已；事之宜行宜止者，代为筹画决断；或事当利害关头，有所需而后济者，即不必与闻④，亦不虑其负我与否，竟为力承其事。此皆所谓密友也。

殷日戒曰：后段更见恳切周详，可以想见其为人矣。

石天外曰：如此密友，人生能得几个？仆愿心斋先生当之。

【译文】

一个耿直的人，一定有自己的密友。密友不一定必须是同生死、共患难的刎颈之交。密友大多表现为虽然相隔千里之外，依然彼此相信，而不会被一些谣言所动摇；听到有人诽谤朋友，就从多方面辩解、分析，直到彻底弄清为止；对于哪些事该做，哪些事不该做，可以替朋友做决断；遇到朋友有某些事情正在紧要关头，需要得到帮助的时候，就一定会帮助朋友但又不让朋友知道，也不在乎朋友会不会辜负自己，会替他承担这件事。做这些事的朋友就可以说都是我们的密友了。

下 篇

第 103 则

【注释】

①趋陪：亲近陪伴。

②合：应该。供养：泛指供给营养。

【原文】

风流自赏，只容花鸟趋陪①；真率谁知？合受烟霞供养②。

江含徵曰：东坡有云："当此之时，若有所思而无所思。"

【译文】

孤芳自赏的风流，只能容得下花鸟的陪伴；率直但是谁知道呢？只该受到烟霞的供养。

第 104 则

【注释】

①名心：求取名誉的心情。

②千般：各种各样。

淡：淡泊，失去兴趣。

【原文】

万事可忘，难忘者名心一段①；千般易淡②，未淡者美酒三杯。

张竹坡曰：是闻鸡起舞，酒后耳热气象。

王丹麓曰：予性不耐饮，美酒亦易淡。所最难忘者，名耳。

陆云士曰：唯恐不好名。丹麓此言具见真处。

【译文】

万事都可以忘记，难忘的是对名利的追求；各种各样的东西都可以淡忘，不能淡忘的是几杯美酒。

第 105 则

【原文】

芰荷可食①，而亦可衣；金石可器②，而亦可服③。

张竹坡曰：然后知濂溪不过为衣食计耳。

王司直曰：今之为衣食计者，果似濂溪否？

【译文】

芰荷可以吃，也可以穿；金银玉石可以造器物，也可以佩戴。

第 106 则

【原文】

宜于耳复宜于目者，弹琴也，吹箫也；宜于耳不宜于目者，吹笙也，摩管也①。

李圣许曰：宜于目不宜于耳者，狮子吼之美妇人也；不宜于目并不宜于耳者，面目可憎、语言无味之纨绔子也②。

庞天池曰：宜于耳复宜于目者，巧言令色也。

【译文】

适合倾听又适合欣赏的，是弹琴，吹箫；适合倾听但不适合欣赏的，是吹笙，按管。

第 107 则

【注释】

①傅粉：搽粉。

②撩乱：即缭乱。

【原文】

看晓妆，宜于傅粉之后①。

余淡心曰：看晚妆，不知心斋以为宜于何时？

周冰持曰：不可说！不可说！

黄交三曰：水晶帘下看梳头，不知尔时曾傅粉否？

庞天池曰：看残妆，宜于微醉后，然眼花撩乱矣②。

【译文】

看女子早晨梳妆，适宜在她涂上粉之后。

第 108 则

【注释】

①生前：转世为这个人之前。

②典午：司马的隐语，即晋朝的代称。典，掌管。与司同义。午，在十二生肖中是马。

【原文】

我不知我之生前①，当春秋之季，曾一识西施否？当典午之时②，曾一看卫玠否？当义熙之世，曾一醉渊明否？当天宝之代，曾一睹太真否？当元丰之朝，曾一晤东坡否？

千古之上相思者不止此数人。而此数人则其尤甚者，故姑举之以概其余也。

杨圣藻曰：君前生曾与诸君周旋，亦未可知，但今生忘之耳。

纪伯紫曰：君之前生，或竟是渊明、东坡诸人，亦未可知。

王名友曰：不特此也。心斋自云"愿来生为绝代佳人"，又安知西施、太真，不即为其前生耶？

郑破水曰：赞叹爱慕，千古一情。美人不必为妻妾，名士不必为朋友，又何必问之前生也耶？心斋真情痴也。

陆云士曰：余尝有诗曰："自昔闻佛言，人有轮回事。前生为古人，不知何姓氏！或览青史中，若与他人遇！"竟与心斋同情，然大逊其奇快！

【译文】

我不知道在我今生之前，在春秋时期，是否曾经见到过西施呢？在西晋的时候，是否曾经见到过卫玠呢？在东晋义熙年间，是否和陶渊明一起喝过酒呢？在唐朝天宝年间，是否亲眼目睹过杨贵妃呢？在北宋元丰年间，是否曾经见到过苏东坡呢？

数千年之间我思念的人不只是这几个。这几个只是最思念的，所以姑且以这几个举例来代表其他的了。

第 109 则

【原文】

我又不知在隆、万时，曾于旧院中交几名妓①**？眉公、伯虎、若士、赤水诸君，曾共我谈笑几回？茫茫宇宙，我今当向谁问之耶！**

江含徵曰：死者有知，则良晤匪遥②。如各化为异物，吾未之何也已。

顾天石曰：具此襟情，百年后当有恨不与心斋周旋者，则吾幸矣！

【注释】

①旧院：在南京，明朝时是妓院聚集的地方。

②晤：会见。匪遥：不远。匪，不。遥，远。

【译文】

我又不知道在隆庆、万历年间自己在青楼结交过多少个名妓？

陈继儒、唐伯虎、汤显祖、屠隆这样的名人雅士，曾经和我谈笑风生过多少次？茫茫宇宙中，我现在可以向谁去问这些事情呢？

第 110 则

【注释】

①粗迹：这里指表面现象。

②书林：刻书的书坊或藏书之处，泛指文化学术兴盛的地方。

③机杼：织机，这里指纺织业，也喻指诗文的构思。

【原文】

　　文章是有字句之锦绣，锦绣是无字句之文章，两者同出于一原。姑即粗迹论之①，如金陵，如武林，如姑苏，书林之所在②，即机杼之所在也③。

　　袁翔甫补评曰：若兰回文，是有字句之锦绣也；落花水面，是无字句之文章也。

【译文】

　　文章是有字句的锦绣，锦绣是没有字句的文章，这两种事物同出于一个源头。姑且就大致情形来论，像金陵、武林、姑苏，既是刻书藏画的地方，同时也是产生锦绣的地方。

第 111 则

【注释】

①法帖：即笔帖，指名家书法墨迹的拓本或印本。

②人事：这里指人的各

【原文】

　　予尝集诸法帖字为诗①，字之不复而多者，莫善于《千字文》。然诗家目前常用之字，犹苦其未备。如天文之烟霞风雪，地理之江山塘岸，时令之春霄晓暮，人物之翁僧渔樵，花木之花柳苔萍，鸟兽之蜂蝶莺燕，宫室之台槛轩窗，器用之舟船壶杖，人事之梦忆愁恨②，衣服之裙袖锦绮，饮食之茶浆饮酌，身体之须眉韵态，声色之红绿香艳，文史之骚赋题吟，数目之一三双半，皆无其字。《千字文》且然，况其他乎？

黄仙裳曰：山来此种诗，竟似为我而设。

顾天石曰：使其皆备，则《千字文》不为奇矣。吾尝于千字之外另集千字，而已不可复得，更奇。

种思想感情。

【译文】

我曾经搜集各种笔帖上的字准备作诗用，字不重复并且又多的，没有超过《千字文》的了。即使是这样，诗人目前作诗常用的字词中，还苦于不能齐备呢。例如天文方面的烟霞风雪，地理方面的江山塘岸，时令节气方面的春霄晓暮，形容人物方面的翁僧渔樵，花草树木方面的花柳苔萍，飞鸟走兽方面的蜂蝶莺燕，宫阁室院方面的台槛轩窗，器皿用具方面的舟船壶杖，人事方面的梦忆愁恨，衣衫服饰方面的裙袖锦绮，饮食文化方面的茶浆饮酌，身体描写方面的须眉韵态，声音泽色方面的红绿香艳，文体史记方面的骚赋题吟，数量用词方面的一三双半，都没有这些字。《千字文》尚且没有，更何况其他的呢？

第 112 则

【原文】

花不可见其落，月不可见其沉，美人不可见其夭①。

朱其恭曰：君言谬矣！淘如所云，则美人必见其发白齿豁而后快耶②？

【注释】

①夭：夭折，短命而死。

②齿豁（huò）：齿缺，指年老。

【译文】

　　鲜花不可看见它凋落，明月不可看见它沉落，佳人不可看见她红颜早逝。

第 113 则

【注释】

①实际：切实的价值。

②虚设：徒具其表、没有实际意义的摆设。

【原文】

　　种花须见其开，待月须见其满，著书须见其成，美人须见其畅适，方有实际①，否则皆为虚设②。

　　王璞庵曰：此条与上条互相发明，盖曰："花不可见其落耳，必须见其开也。"

【译文】

　　种花要看到花盛开，赏月要见到月圆时，著书立说要看到整本书完成，欣赏美人要看到她心情舒畅，这样才有实际意义，否则的话，一切形同虚设。

第 114 则

【注释】

①惠施：宋国人。战国时期哲学家、名家的代表人物之一。与庄子为友。多方：学识渊博。

【原文】

　　惠施多方①，其书五车②；虞卿以穷愁著书。今皆不传，不知书中果作何语。我不见古人，安得不恨？

　　王仔园曰：想亦与《幽梦影》相类耳。

　　顾天石曰：古人所读之书，所著之书，若不被秦人烧尽，则奇奇怪怪，可供今人刻画者，知复何限！然如《幽梦影》等书出，不必思古人矣。

倪永清曰：有著书之名，而不见书，省人多少指摘。

庞天池曰：我独恨古人不见心斋。

【译文】

惠施学识广博，他的书可以装载数车；虞卿在穷困潦倒的时候还著书立说。但是都没有传到今天，不知道书中都说了些什么。我不能见到这些古人，怎么能不心生遗憾呢？

第 115 则

【原文】

以松花为粮，以松实为香，以松枝为麈尾，以松阴为步障①，以松涛为鼓吹②。山居得乔松百余章③，真乃受用不尽。

施愚山曰：君独不记曾有松多大蚁之恨耶？

江含徵曰：松多大蚁，不妨便为蚁王。

石天外曰：坐乔松下，如在水晶宫中，见万顷波涛总在头上，真仙境也。

【译文】

用松树的花来做粮，用松树的果实来做香料，用松树的枝条做拂尘，把松树的绿荫当做屏障，把风吹松林的涛声当音乐演奏，隐居山中拥有百余棵松树，将是受益无穷的事。

【注释】

方，学术。

②五车：是说书很多，写书用的竹简要用五辆车来拉。后人常用"学富五车"来比喻学识丰富。

①步障：用来遮挡风尘或者隔离内外的屏幕。

②松涛：风吹过松林发出像波涛般的响声，也称松风。

③乔松：高大的松树。乔，高大。

第 116 则

【原文】

玩月之法，皎洁则宜仰观，朦胧则宜俯视①。

孔东塘曰：深得玩月三昧。

【译文】

赏月的方法为，皎洁的月光适合仰望观看，朦胧的月色则适合俯首观看。

第 117 则

【原文】

孩提之童，一无所知，目不能辨美恶，耳不能判清浊，鼻不能别香臭。至若味之甘苦，则不第知之①**，且能取之弃之。告子以甘食、悦色为性，殆指此类耳**②。

【译文】

尚在襁褓中的婴儿，什么都不知道，眼睛看到的不能辨别美丑，耳朵听到的不能判断清浊，鼻子闻到的不能识别香臭。至于味道是苦是甜，则不但知道，而且还知道喜欢什么放弃什么。告子把爱吃甜食、喜欢美色看做是人的本性，大概说的就是这个。

第 118 则

【原文】

凡事不宜刻，若读书则不可不刻①；凡事不宜贪，若买书则不可不贪②；凡事不宜痴，若行善则不可不痴③。

余淡心曰：读书不可不刻，请去一"读"字，移以赠我，何如？

张竹坡曰：我为刻书累，请并去一"不"字。

杨圣藻曰：行善不痴，是邀名矣。

【注释】

①刻：前一个是苛刻、刻薄之意，后一个是刻苦、深入之意。

②贪：前一个是贪得无厌之意，后一个是如饥似渴、不知满足之意。

③痴：前一个是愚笨之意，后一个是沉迷、专注之意。

【译文】

凡事不能太苛刻，如果是读书则不能不苛刻；凡事不能太贪心，假如是买书就不能不贪心了；凡事不能太痴迷，如果是做善事就不能不痴迷一点。

第 119 则

【原文】

酒可好，不可骂座；色可好，不可伤生①；财可好，不可昧心②；气可好，不可越理③。

袁中江曰：如灌夫使酒，文园病肺，昨夜南塘一出，马上挟章台柳归，亦自无妨，觉愈见英雄本色也。

【注释】

①伤生：指纵欲过度而损害身体。

②昧心：违背良心。

③越理：超出常理，不合情理。

【译文】

　　美酒可以喜好，不可酒后耍酒疯骂人；美色可以喜好，但不要伤害身体；钱财可以喜爱，不可以昧心获得；脾气可以有，不可以超出情理之外。

第 120 则

【注释】

①俭德：勤俭的美德。

②寿考：长寿。考，老。

【原文】

　　文名可以当科第，俭德可以当货财①**，清闲可以当寿考**②**。**

　　聂晋人曰：若名人而登甲第，富翁而不骄奢，寿翁而又清闲，便是蓬壶三岛中人也。

　　范汝受曰：此亦是贫贱文人无所事事，自为慰藉云耳；恐亦无实在受用处也。

　　曾青藜曰："无事此静坐，一日似两日。若活七十年，便是百四十。"此是"清闲当寿考"注脚。

　　石天外曰：得老子退一步法。

　　顾天石曰：予生平喜游，每逢佳山水辄留连不去，亦自谓可当园亭之乐。质之心斋，以为然否？

【译文】

　　文才和名望可以当做科第，勤俭节约可以当做财富，清净闲适可以看做年高长寿。

第 121 则

【原文】

不独诵其诗、读其书是尚友古人①，即观其字画，亦是尚友古人处。

张竹坡曰：能友字画中之古人，则九原皆为之感泣矣②。

【译文】

不只是吟诵古人的诗、阅读古人的作品是与古人结交，即使观赏古人的书法字画，也是在与古人相交。

第 122 则

【原文】

无益之施舍，莫过于斋僧①；无益之诗文，莫甚于祝寿。

张竹坡曰：无益之心思，莫过于忧贫；无益之学问，莫过于务名。

殷简堂曰：若诗文有笔资②，亦未尝不可。

庞天池曰：有益之施舍，莫过于多送我《幽梦影》几册。

【译文】

无益的施舍，没有比施舍给僧人更无益的；无益的诗文，没有比祝寿时的文字更无益的。

第 123 则

【原文】

妾美不如妻贤，钱多不如境顺。

张竹坡曰：此所谓竿头欲进步者。然妻不贤，安用妾美？钱不多，那得境顺？

张迂庵曰：此盖谓二者不可得兼，舍一而取一者也。又曰：世固有钱多而境不顺者。

【译文】

有貌美的小妾不如有个贤惠的妻子，钱多了不如事事都顺利。

第 124 则

【注释】

①生书：没有读过的书或书中没有读过的内容。

②马：司马迁。班：班固。杜：杜甫。韩：韩愈。

【原文】

创新庵不若修古庙，读生书不若温旧业①。

张竹坡曰：是真会读书者，是真读过万卷书者，是真一书曾读过数遍者。

顾天石曰：唯《左传》、《楚词》、马、班、杜、韩之诗文②，及《水浒》、《西厢》、《还魂》等书，虽读百遍不厌。此外皆不耐温者矣，奈何？

王安节曰：今世建生祠，又不若创茅庵。

【译文】

建造新的寺庵不如修整旧的庙宇，读新书不如温习已经读过的旧书。

第 125 则

【原文】

字与画同出一原[①]，**观六书始于象形**[②]，**则可知已。**

江含徵曰：有不可画之字，不得不用六法也。

张竹坡曰：千古人未经道破，却一口拈出。

【注释】

①原：本来，源头。

②六书：汉字的六种构造方法，分别是指事、象形、形声、会意、转注和假借。

【译文】

文字和绘画同出于一个源头，看六书的文字始于象形，就会明白了。

第 126 则

【原文】

忙人园亭[①]，**宜与住宅相连；闲人园亭，不妨与住宅相远。**

张竹坡曰：真闲人，必以园亭为住宅。

【注释】

①园亭：建有园林亭阁的别墅。

【译文】

忙碌之人的庭院，应该与住宅连着；清闲之人的庭院，不妨离住宅远一些。

第 127 则

【原文】

　　酒可以当茶，茶不可以当酒；诗可以当文，文不可以当诗；曲可以当词，词不可以当曲；月可以当灯，灯不可以当月；笔可以当口，口不可以当笔；婢可以当奴，奴不可以当婢①**。**

　　江含徵曰：婢当奴则太亲，吾恐"忽闻河东狮子吼"耳！

　　周星远曰：奴亦有可以当婢处，但未免稍逊耳。近时士大夫往往耽此癖②。吾辈驰骛之流③，盗此虚名，亦欲效颦相尚。滔滔者天下皆是也，心斋岂未识其故乎？

　　张竹坡曰：婢可以当奴者，有奴之所有者也；奴不可以当婢者，有婢之所同有，无婢之所独有者也。

　　弟木山曰：兄于饮食之顷，恐月不可以当灯。

　　余湘客曰：以奴当婢，小姐权时落后也④。

　　宗子发曰：唯帝王家不妨以奴当婢，盖以有阉割法也。每见人家奴子出入主母卧房，亦殊可虑。

【译文】

　　酒可以当做茶品，茶不可以当做酒饮；诗可以当做文章来读，文章不可以当做诗来吟诵；曲可以当做词，词不可以当做曲；明月可以当做灯，灯不可以当做明月；笔可以代替口来讲话，口不可以代替笔来抒发情致；婢女可以当做奴仆，奴仆不可以当婢女来使用。

第 128 则

【原文】

胸中小不平，可以酒消之①；世间大不平，非剑不能消也。

周星远曰："看剑引杯长。"一切不平皆破除矣。

张竹坡曰：此平世的剑术，非隐娘辈所知。

张迁庵曰：苍苍者未必肯以太阿假人②，似不能代作空空儿也③。

尤悔庵曰：龙泉太阿，汝知我者，岂止苏子美以一斗读《汉书》耶！

【注释】

①酒消之：借酒消愁。

②苍苍者：指天。太阿：古代宝剑名。也作"泰阿"。

③空空儿：剑侠名，即妙手空空儿。

【译文】

胸中的小不满，可以用酒精麻醉来消除；人世间的不公平，不用剑是解决不了的。

第 129 则

【原文】

不得已而谀之者①，宁以口，毋以笔；不可耐而骂之者②，亦宁以口，毋以笔。

孙豹人曰：但恐未必能自主耳。

张竹坡曰：上句立品，下句立德。

张迁庵曰：匪唯立德，亦以免祸。

顾天石曰：今人笔不谀人，更无用笔之处矣。心斋不知此

【注释】

①谀（yú）：谄媚。用不实之词奉承人。

②耐：忍耐。

苦，还是唐宋以上人耳！

陆云士曰：古笔铭曰："毫毛茂茂，陷水可脱，陷文不活。"正此谓也。亦有谀以笔而实讥之者，亦有骂以笔而若誉之者。总以不笔为高。

【译文】

不得已的要阿谀奉承的，宁愿用嘴说出来，也不要用笔写；不可忍耐而要骂人的，宁可用嘴说出来，也不要诉诸于笔端来讨伐。

第 130 则

【原文】

多情者必好色，好色者未必尽属多情；红颜者必薄命，而薄命者未必尽属红颜；能诗者必好酒，而好酒者未必尽属能诗。

张竹坡曰：情起于色者，则好色也，非情也；祸起于颜色者，则薄命在红颜，否则亦止曰命而已矣！

洪秋士曰：世亦有能诗而不好酒者。

【译文】

多情的人一定喜欢美色，但喜好美色的人不一定都是多情的人；美貌的女子命运一定多舛，但命运多舛的人不一定都是美人；擅长写诗的人一定都喜欢喝酒，但喜欢喝酒的人不一定都可以作诗。

第 131 则

【原文】

梅令人高①，兰令人幽②，菊令人野③，莲令人淡④，春海棠令人艳，牡丹令人豪，蕉与竹令人韵，秋海棠令人媚，松令人逸⑤，桐令人清⑥，柳令人感⑦。

张竹坡曰：美人令众卉皆香，名士令群芳俱舞。

尤谨庸曰：读之惊才绝艳，堪采入《群芳谱》中。

【译文】

梅花使人感到高洁，兰花使人感到优雅宁静，菊花使人感到野气横生，莲花给人以淡雅之感，春海棠使人感到艳丽，牡丹使人感到豪放，芭蕉与竹子让人感到诗意盎然，秋海棠使人感到妩媚，松树使人感到飘逸，梧桐树使人感到冷清，柳树让人感慨万千。

【注释】

① 高：高尚脱俗。

② 幽：幽静闲雅。

③ 野：质朴，有田园风味。

④ 淡：恬淡，与世无争。

⑤ 逸：超逸脱俗。

⑥ 清：凄清孤高。

⑦ 感：使人感动、伤感，引发思绪。

第 132 则

【原文】

物之能感人者，在天莫如月，在乐莫如琴，在动物莫如鹃①，在植物莫如柳。

【译文】

万物能够感动人的，在天上没有能比得过月亮的，在音乐中没有能比得过琴声的，在动物中没有能比得过杜鹃的，在植物中没有能比得过柳树的。

【注释】

① 鹃：杜鹃，又名杜宇、子规等。

第 133 则

【注释】

①羡：羡慕。和靖：即林逋，字君复，谥号和靖。宋代诗人。

②志和：即张志和，字子和，唐代诗人。

【原文】

妻子颇足累人，羡和靖梅妻鹤子①；奴婢亦能供职，喜志和樵婢渔奴②。

尤悔庵曰：梅妻鹤子，樵婢渔童，可称绝对。人生眷属，得此足矣！

【译文】

妻子和儿女最为负累人，真羡慕林和靖以梅为妻，以鹤为自己的孩子；奴仆婢女也能担当这样的任务，令人欣喜的是张志和竟然以樵夫作婢女，以渔夫作奴仆。

第 134 则

【注释】

①涉猎：广泛涉及，一般指读书读而不专。

【原文】

涉猎虽曰无用①，犹胜于不通古今；清高固然可嘉，莫流于不识时务。

黄交三曰：南阳抱膝时，原非清高者可比。

江含徵曰：此是心斋经济语。

张竹坡曰：不合时宜则可，不达时务，奚其可？

尤悔庵曰：名言，名言！

【译文】

　　涉猎广泛虽说没有太大用处，但是也比对于古今一无所知要好；清高固然值得赞赏，但是却不要不识时务。

第 135 则

【原文】

　　所谓美人者，以花为貌，以鸟为声，以月为神，以柳为态，以玉为骨，以冰雪为肤，以秋水为姿①，以诗词为心，吾无间然矣。

　　冒辟疆曰：合古今灵秀之气，庶几铸此一人。

　　江含徵曰：还要有松檗之操才好②。

　　黄交三曰：论美人而曰“以诗词为心”，真是闻所未闻！

【注释】

①以秋水为姿：风姿神采像秋水那样明净清澈。

②檗（bò）：木名，即黄檗。或作“蘗”。操：行为，品行。

【译文】

　　所说的美人就是，像鲜花一样的容貌，像鸟鸣叫一样的声音，像月一样的精神，像柳一样的体态，像玉一样的骨骼，像冰雪一样的肌肤，像秋水一样的姿态，像诗词一样的情感，这样我们就无可挑剔了。

第 136 则

【原文】

　　蝇集人面①，蚊噆人肤②，不知以人为何物！

　　陈康畴曰：应是头陀转世，意中但求布施也。

【注释】

①集：本意是指鸟群栖止在树上，这里指

落脚、停留。

②嘬（chuài）：聚缩嘴唇而吸取。此指叮咬。

释菌人曰：不堪道破。

张竹坡曰：此《南华》精髓也。

尤悔庵曰：正以人之血肉，只堪供蝇蚊咀嚼耳。以我视之，人也；自蝇蚊视之，何异腥膻臭腐乎！

陆云士曰：集人面者，非蝇而蝇；嘬人肤者，非蚊而蚊。明知其为人也，而集之嘬之，更不知其以人为何物。

【译文】

苍蝇聚集在人的脸上，蚊子叮咬人的皮肤，不知道它们把人当成了什么！

第 137 则

【注释】

①大僚：大官。

②牙签玉轴：古书精美的标签和卷轴，代指书籍。

【原文】

有山林隐逸之乐而不知享者，渔樵也，农圃也，缁黄也；有园亭姬妾之乐而不能享、不善享者，富商也、大僚也①。

弟木山曰：有山珍海错而不能享者，庖人也；有牙签玉轴而不能读者②，蠹鱼也，书贾也。

【译文】

拥有山林的乐趣却不知道享受的，有渔夫，有樵夫，有农夫、僧人；有庭院高阁、妻贤妾美的快乐却不能享受、不善于享受的是富商和位高权重的人。

第 138 则

【原文】

　　黎举云："欲令梅聘海棠，枨子（想是橙）臣樱桃①，以芥嫁笋②，但时不同耳。"予谓物各有偶，拟必于伦③。今之嫁娶，殊觉未当。如梅之为物，品最清高；棠之为物，姿极妖艳。即使同时，亦不可为夫妇。不若梅聘梨花，海棠嫁杏，橼臣佛手，荔枝臣樱桃，秋海棠嫁雁来红，庶几相称耳。至若以芥嫁笋，笋如有知，必受河东狮子之累矣。

　　弟木山曰：余尝以芍药为牡丹后，因作贺表一通。兄曾云："但恐芍药未必肯耳。"

　　石天外曰：花神有知，当以花果数升谢蹇修矣④。

　　姜学在曰：雁来红做新郎，真个是老少年也。

【注释】

①臣：役使，统率，行使主人的权力。

②芥：芥菜，蔬菜名，味道辛辣。

③拟必于伦：将其相提并论、成双配对，首先必须是同类的事物。伦，类。

④蹇（jiǎn）修：媒人。

【译文】

　　黎举说："想让梅树娶海棠，枨子臣服于樱桃，让芥菜嫁给竹笋，但是它们生长的时间不同。"我认为万事万物都有自己的配偶，必须是自己的同类。像现在说的嫁娶，就很不恰当。比如梅花品行最清高，而海棠是植物中最为艳丽的，即使是同一时间盛开也不能成为夫妻。不如让梅花娶茉莉花，海棠嫁给杏，橼臣服于佛手，荔枝臣服于樱桃，秋海棠嫁给雁来红，这样大概才相称。至于将芥菜嫁给竹笋，竹笋如果知道的话，一定会受到河东狮吼般的凌辱。

第 139 则

【注释】

①五色：青、黄、赤、白、黑五色，古人作为五种主要的颜色、正色。这里泛指各种颜色。

【原文】

五色有太过①，有不及，唯黑与白无太过。

杜茶村曰：君独不闻唐有李太白乎？

江含徵曰：又不闻玄之又玄乎？

尤悔庵曰：知此道者，其唯弈乎？老子曰："知其白，守其黑。"

【译文】

红黄蓝绿紫五种颜色中，有的太浓，有的太淡，只有黑和白没有太过浓淡之分。

第 140 则

【注释】

①许氏：许慎，字叔重。汉召陵人。东汉经学家，文字学家。著有《说文解字》。

②赘句：多余的话。

【原文】

许氏《说文》分部①，有止有其部而无所属之字者，下必注云："凡某之属，皆从某。"赘句殊觉可笑②，何不省此一句乎？

谭公子曰：此独民县到任告示耳。

王司直曰：此亦古史之遗。

【译文】

许慎的《说文解字》中在分立部首中，有的只是部首这个字，而没有另外所属于这个部的字，下面也一定注释说："凡属某部的字都从某。"这种多余的话让人觉得很好笑，为什么不可以省去这一句呢？

第 141 则

【原文】

阅《水浒传》，至鲁达打镇关西、武松打虎，因思人生必有一桩极快意事，方不枉在生一场。即不能有其事，亦须著得一种得意之书，庶几无憾耳！（如李太白有贵妃捧砚事，司马相如有文君当垆事①，严子陵有足加帝腹事，王之涣、王昌龄有旗亭画壁事②，王子安有顺风过江作《滕王阁序》事之类。）

张竹坡曰：此等事，必须无意中方做得来。

陆云士曰：心斋所著得意之书颇多，不止一打快活林、一打景阳冈称快意矣。

弟木山曰：兄若打中山狼，更极快意。

【注释】

①当垆（lú）：也作"当炉"、"当卢"，指卖酒。垆，放酒坛子的土墩。

②旗亭：酒楼。

【译文】

阅读《水浒传》，看到鲁达拳打镇关西、武松打虎，因此想到人生中必定要做一件十分快意的事情，才不枉在世上活一场。即使不能有这样的事，也应该写一本得意的书，这样也就不会再有遗憾了！（像李白有杨贵妃为他捧砚台，司马相如有卓文君为他当垆卖酒，严子陵将脚放在帝王的肚子上，王之涣、王昌龄有旗亭画壁论诗比高低，王勃山水助诗风一夜之间作了《滕王阁序》这样的事情。）

第 142 则

【注释】

①秋风客：干谒者求人资助，称为打秋风或秋风，秋风客即指此种以求取资助或饮宴为目的的干谒者。

②东风：即春风。

【原文】

春风如酒，夏风如茗，秋风如烟，如姜芥。

许筠庵曰：所以秋风客气味狠辣①。

张竹坡曰：安得东风夜夜来②。

【译文】

春风像酒一样醉人，夏风像茶一样清新，秋风像烟一样呛人，像生姜、芥末一样辣人。

第 143 则

【注释】

①不耐：禁不起。

②玉壶：玉制的壶，常比喻高洁。

【原文】

冰裂纹极雅，然宜细不宜肥。若以之作窗栏，殊不耐观也①。（冰裂纹须分大小，先作大冰裂，再于每大块之中作小冰裂，方佳。）

江含徵曰：此便是哥窑纹也。

靳熊封曰："一片冰心在玉壶②"，可以移赠。

【译文】

瓷器中所说的冰裂是非常雅致的，但是纹路要细小，不要太粗大。如果用这种瓷器作窗栏，那就很不耐看了。（冰裂纹须要分大小的，先造大的冰裂纹，再在每个大块中做小的冰裂纹，这样才好。）

第 144 则

【原文】

鸟声之最佳者，画眉第一，黄鹂、百舌次之。然黄鹂、百舌，世未有笼而畜之者。其殆高士之俦①，可闻而不可屈者耶②。

江含徵曰：又有"打起黄莺儿"者，然则亦有时用他不着。

陆云士曰："黄鹂住久浑相识，欲别频啼四五声。"来去有情，正不必笼而畜之也。

【译文】

鸟类之中啼叫声音最好听的，画眉数第一，其次是黄鹂和百舌。然而对于黄鹂和百舌来说，世上没有人可以将它们用笼子装起来养。它们大概属隐士中的一类，只可以听其声音，而不可能屈服于人。

【注释】

①高士之俦(chóu)：与高人隐士同类。俦，同伴，伴侣。

②屈：屈尊，屈服。

第 145 则

【原文】

不治生产①，其后必致累人；专务交游②，其后必致累己。

杨圣藻曰：晨钟夕磬，发人深省。

冒巢民曰：若在我，虽累己累人，亦所不悔。

宗子发曰：累己犹可，若累人则不可矣。

江含徵曰：今之人未必肯受你累，还是自家稳些的好。

【注释】

①生产：生计和产业，谋生之业。

②交游：结交朋友。

【译文】

不从事劳动生产，将来一定会拖累别人；一心只知道交友应酬，到最后必定会使自己受到牵累。

第 146 则

【注释】

①诲淫：引诱别人产生淫欲。

②愈贞：更加贞洁。愈，更加。贞，贞洁，贞操。

【原文】

昔人云："妇人识字，多致诲淫①。"予谓此非识字之过也。盖识字则非无闻之人，其淫也，人易得而知耳。

张竹坡曰：此名士持身不可不加谨也。

李若金曰：贞者识字愈贞②，淫者不识字亦淫。

【译文】

前人曾经说："妇女认识字，大多会导致淫荡。"我认为这不是识字的过错。大概是因为识字的人并不是没有名声的人，假如她们淫荡，别人很快就会知道的。

第 147 则

【注释】

①无之：无往。

②书史：经史之类的典籍，泛指书籍。

③慧业文人：指有文

【原文】

善读书者，无之而非书①：山水亦书也，棋酒亦书也，花月亦书也。善游山水者，无之而非山水：书史亦山水也②，诗酒亦山水也，花月亦山水也。

陈鹤山曰：此方是真善读书人，善游山水人。

黄交三曰：善于领会者，当做如是观。

江含徵曰：五更卧被时，有无数山水书籍在眼前胸中。

尤悔庵曰：山耶，水耶，书耶？一而二，二而三，三而一者也。

陆云士曰：妙舌如环，真慧业文人之语③。

学天才，与文字结缘的人。慧业，佛教指生来赋有智慧的业缘。

【译文】

善于读书的人，没有什么不是书的：山水也是书，棋和酒也是书，鲜花和明月也是书。喜欢游览山水的人，没有什么不是山水的：书史也是山水，诗和酒也是山水，花和月也是山水。

第 148 则

【原文】

园亭之妙，在丘壑布置①，不在雕绘琐屑②。往往见人家园亭，屋脊墙头，雕砖镂瓦，非不穷极工巧，然未久即坏，坏后极难修葺。是何如朴素之为佳乎！

江含徵曰：世间最令人神怆者③，莫如名园雅墅，一经颓废，风台月榭，埋没荆棘。故昔之贤达，有不欲置别业者。予尝过琴虞，留题名园句有云："而今绮砌雕阑在，剩与园丁作业钱。"盖伤之也。

弟木山曰：予尝悟作园亭与作光棍二法④：园亭之善在多回廊；光棍之恶在能结讼。

【注释】

①丘壑布置：构思安排。丘壑，构思布置。

②雕绘琐屑：在那些细小的地方雕镂和彩绘图案。

③怆(chuàng)：悲伤。

④光棍：地痞，无赖。

【译文】

　　园林亭台的巧妙之处在于，丘陵与沟壑匠心独运的布置，而不在于精雕细刻上。往往可以看见别人家的园林亭台，屋脊墙头，雕砖镂瓦，并不是没有精工巧琢，只是过不了多长时间就会坏掉，坏了之后很难修整。这哪能比得上那些朴实素雅的好呢！

第 149 则

【注释】

①清宵：清静的夜晚。

②蛩（qióng）：蟋蟀。

【原文】

清宵独坐①，邀月言愁；良夜孤眠，呼蛩语恨②。

袁士旦曰：令我百端交集。

黄孔植曰：此逆旅无聊之况，心斋亦知之乎！

【译文】

　　清幽的夜晚一个人独坐，只好邀来明月向它诉说愁苦的思绪；美好的夜晚，独自躺在床上，只有唤来蟋蟀告诉它自己的惆怅。

第 150 则

【注释】

①官声：做官的声誉。

②豪右：豪门大族。

右，右姓，豪族大姓。

【原文】

官声采于舆论①，豪右之口与寒乞之口俱不得其真②；花案定于成心③，艳媚之评与寝陋之评概恐失其实④。

黄九烟曰：先师有言："不如乡人之善者好之，其不善者恶之。"

李若金曰：豪右而不讲分上，寒乞而不望推恩者，亦未尝无公论。

倪永清曰：我谓众人唾骂者，其人必有可观。

【译文】

官员为官的名声来自于公众的评说中，从豪门望族和贫贱的百姓口中得到的话，都是不可以相信的；桃色事件的形成在于成见，而艳丽妖媚和丑陋的说法，恐怕不是实情。

寒乞：极其贫困潦倒的人。

③成心：偏见，成见。

④寝陋：丑陋。寝，容貌丑恶。

第 151 则

【原文】

胸藏丘壑，城市不异山林；兴寄烟霞，阎浮有如蓬岛[①]。

【译文】

胸中藏有千丘沟壑，生活在城市和山林里没有什么区别；兴趣寄托在烟霞云雾之中，生活在尘世就如身处在蓬莱仙岛一样。

【注释】

①阎浮：梵语，树名。此处借指人世间。

第 152 则

【原文】

梧桐为植物中清品，而形家独忌之[①]，甚且谓“梧桐大如斗，主人往外走”，若竟视为不祥之物也者。夫剪桐封弟，其为宫中之桐可知；而卜世最久者，莫过于周。俗言之不足据，类如此夫！

【注释】

①形家：即堪舆家，又称阴阳师、风水先生等，以相度风水地形，

为人选择宅基、墓地为业的人。

②靳：吝惜，不肯给予。

江含徵曰：爱碧梧者，遂艰于白镪，造物盖忌之，故靳之也②。有何吉凶休咎之可关！只是打秋风时光棍样可厌耳。

尤悔庵曰："梧桐生矣，于彼朝阳"，诗言之矣。

倪永清曰：心斋为梧桐雪千古之奇冤，百卉俱当九顿。

【译文】

梧桐树是植物中最清贵的品种，而看风水的人却非常忌讳它，甚至还说"梧桐大如斗，主人往外走"，竟然把它视为不祥之物。历史上有周成王剪桐封弟的典故，可以看出梧桐树是宫中的树；而用卜卦预测传国最久的，没有比得过周朝的。世俗的话不足以使人相信，大概就是这样的吧！

第 153 则

【注释】

①作辍：进行或停止。

②《离骚》：战国时期楚国屈原所作。

【原文】

多情者不以生死易心，好饮者不以寒暑改量，喜读书者不以忙闲作辍①。

朱其恭曰：此三言者，皆是心斋自为写照。

王司直曰：我愿饮酒、读《离骚》②，至死方辍，何如？

【译文】

多情的人不会因为人的生死而变心，喜好饮酒的人不会因为季节的变化而改变酒量，喜欢读书的人不会因为忙碌或清闲而中断读书。

第 154 则

【原文】

蛛为蝶之敌国，驴为马之附庸。

周星远曰：妙论解颐，不数晋人危语隐语①。

黄交三曰：自开辟以来，未闻有此奇论。

【译文】

蜘蛛是蝴蝶的敌人，驴是马的附庸。

【注释】

①不数：不亚于。危
语：使人害怕的话。
隐语：谜语。危语、了
语、隐语都是晋人喜
欢的文字游戏。

第 155 则

【原文】

立品须发乎宋人之道学①；涉世须参以晋代之风流②。

方宝臣曰：真道学未有不风流者。

张竹坡曰：夫子自道也。

胡静夫曰：予赠金陵前辈赵容庵句云："文章鼎立庄骚外③，
杖履风流晋宋间。"今当移赠山老。

倪永清曰：等闲地位④，却是个双料圣人。

陆云士曰：有不风流之道学，有风流之道学；有不道学之风
流，有道学之风流，毫厘千里⑤。

【译文】

树立品行应当发扬宋人理学的要义，立身处世应当参照晋人
的风流洒脱。

【注释】

①立品：树立品性德
行。
②涉世：经历世事，与
人交往。
③庄骚：《庄子》与
《离骚》。
④等闲：寻常，随便。
⑤毫厘：比喻细微的
事物或微小的数量。

第 156 则

【注释】

①人伦：人在社会里的等级尊卑关系。

②并蒂：两朵花共长在一个花蒂上，称为并蒂，如并蒂莲、并蒂兰等。并蒂常用来比喻夫妻恩爱。

【原文】

古谓禽兽亦知人伦①。予谓匪独禽兽也，即草木亦复有之。牡丹为王，芍药为相，其君臣也；南山之乔，北山之梓，其父子也。荆之闻分而枯，闻不分而活，其兄弟也；莲之并蒂②，其夫妇也；兰之同心，其朋友也。

江含徵曰：纲常伦理，今日几于扫地，合向花木鸟兽中求之。又曰：心斋不喜迂腐，此却有腐气。

【译文】

古人说禽兽也知道人伦关系。我说不只禽兽有这种关系，就连花草树木也有这种关系。牡丹为花中之王，芍药为花中之相，它们之间是君臣关系；南山乔木，北山的梓树，它们是父子；紫荆树知道要被分割便枯萎了，知道不分就复活了，它们之间是兄弟的关系；莲花中的并蒂，它们是夫妇关系；兰花同心，这是朋友关系。

第 157 则

【原文】

豪杰易于圣贤，文人多于才子。

张竹坡曰：豪杰不能为圣贤，圣贤未有不豪杰。文人才子亦然。

【译文】

做豪杰要比做圣贤容易，文人要多于才子。

第 158 则

【原文】

牛与马，一仕而一隐也^①；鹿与豕^②，一仙而一凡也。

杜茶村曰：田单之火牛，亦曾效力疆场；至马之隐者，则绝无之矣。若武王归马于华山之阳，所谓勒令致仕者也^③。

张竹坡曰："莫与儿孙作马牛"，盖为后人审出处语也。

【注释】

①仕：做官。隐：隐居。

②豕（shǐ）：猪，野猪。

③致仕：也作"致事"。旧时指辞官退休。

【译文】

牛和马，一个是所谓的官吏，一个是隐士；鹿和猪，一个是神仙，一个是凡人。

第 159 则

【原文】

古今至文，皆血泪所成。

吴晴岩曰：山老《清泪痕》一书，细看皆是血泪。

江含徵曰：古今恶文，亦纯是血。

【译文】

古往今来的好文章，都是作者用血泪写成的。

第 160 则

【注释】

①所以：用来，用以。

②粉饰：人类的聪明才智可以把人间点缀装饰得更好。

【原文】

"情"之一字，所以维持世界①；"才"之一字，所以粉饰乾坤②。

吴雨若曰：世界原从情字生出，有夫妇，然后有父子；有父子，然后有兄弟；有兄弟，然后有朋友；有朋友，然后有君臣。

释中洲曰：情与才缺一不可。

【译文】

"情"这个字，是维持世界的因素；"才"这个字，是将世界粉饰得更加美好的因素。

第 161 则

【注释】

①礼乐文章：指儒家关于礼乐等方面的制度。

②自有而无：佛教宣扬万法皆空、世事无常的思想，认为一切都将归于劫灭，要求修学者凭绝对世间的认知，无欲无求。

【原文】

孔子生于东鲁，东者生方，故礼乐文章①，其道皆自无而有；释迦生于西方，西者死地，故受想行识，其教皆自有而无②。

吴街南曰：佛游东土，佛入生方；人望西天，岂知是寻死地？呜呼，西方之人兮，之死靡他！

殷日戒曰：孔子只勉人生时用功，佛氏只教人死时作主，各自一意。

倪永清曰：盘古生于天心，故其人在不有不无之间。

【译文】

孔子出生于位于东方的鲁国，东方是出生的方向，所以他所代表的儒家礼乐文章，都是遵循从无到有的规律的；释迦牟尼出生于西方，西方向来都被看做是沉没的所在，所以佛教的教义都是从有到无的。

第 162 则

【原文】

有青山方有绿水，水唯借色于山；有美酒便有佳诗，诗亦乞灵于酒①。

李圣许曰：有青山绿水，乃可酌美酒而咏佳诗，是诗酒又发端于山水也②。

【注释】

①乞灵：本意指向神灵或权威求助，这里是指寻求灵感。

②发端：开端，创始。

【译文】

有青山才会有绿水，水只是向山借取了颜色；有美酒便有好诗，作好诗的灵感是来自于美酒的。

第 163 则

【原文】

严君平①，以卜讲学者也；孙思邈②，以医讲学者也；诸葛武侯③，以出师讲学者也。

殷日戒曰：心斋殆又以《幽梦影》讲学者耶？

戴田友曰：如此讲学，才可称道学先生。

【注释】

①严君平：名遵，汉蜀郡人。西汉隐士。

②孙思邈：唐华原（今陕西耀县）人。唐代医

学家。

③诸葛武侯：诸葛亮，字孔明，三国时蜀相。

【译文】

　　严君平是以占卜的方法传授学问的；孙思邈是用医学来传授学问的；诸葛亮是用行军打仗的方式来传授学问的。

第 164 则

【注释】

①华：这里指毛羽华美。

②牝（pìn）牡：走兽雌者为牝，雄者为牡。

③茶村兴到：饮茶后的兴致。

【原文】

　　人则女美于男，禽则雄华于雌①，兽则牝牡无分者也②。

　　杜于皇曰：人亦有男美于女者，此尚非确论。

　　徐松之曰：此是茶村兴到之言③，亦非定论。

【译文】

　　人类中女人要比男人美丽，禽类中雄性要比雌性华丽，兽类中雄雌却分不出美丑。

第 165 则

【注释】

①嫫（mó）母：古代传说中的丑女。泛指丑陋的女性。

②砚（yàn）：砚台，磨墨的文具。

【原文】

　　镜不幸而遇嫫母①，砚不幸而遇俗子②，剑不幸而遇庸将，皆无可奈何之事。

　　杨圣藻曰：凡不幸者，皆可以此概之。

　　闵宾连曰：心斋案头无一佳砚，然诗文绝无一点尘俗气，此又砚之大幸也。

　　曹冲谷曰：最无可奈何者，佳人定随痴汉。

【译文】

镜子不幸遇到了丑陋的嫫母，砚台不幸遇到了凡夫俗子，宝剑不幸遇到了平庸的将才，都是无可奈何的事情。

第 166 则

【原文】

天下无书则已①，有则必当读；无酒则已，有则必当饮；无名山则已，有则必当游；无花月则已，有则必当赏玩；无才子佳人则已，有则必当爱慕怜惜。

弟木山曰：谈何容易，即吾家黄山②，几能得一到耶？

【注释】

①已：算了，罢了。

②即：即使。吾家黄山：作者张潮的家乡歙县。歙县位于黄山南麓。

【译文】

天下没有书就算了，有则一定要读；没有酒也就罢了，有就一定要品尝；没有名山大川就罢了，有就一定要游览观赏；没有鲜花和明月就算了，有就一定要欣赏品玩；没有才子佳人就罢了，有就一定要爱慕怜惜。

第 167 则

【原文】

秋虫春鸟，尚能调声弄舌，时吐好音①；我辈搦管拈毫②，岂可甘作鸦鸣牛喘？

吴园次曰：牛若不喘，宰相安肯问之？

【注释】

①好音：动听的声音。

②搦（nuò）管拈毫：指拿起笔来写文章。搦，

握，拿着。

③司命：神名。

张竹坡曰：宰相不问科律而问牛喘，真是文章司命③。

倪永清曰：世皆以鸦鸣牛喘为凤歌鸾唱，奈何！

【译文】

　　秋虫春鸟，尚且能发出这么美妙的鸣啭，不时吐出动听的声音；我们这些舞文弄墨的人难道要做一些鸦鸣牛喘一样的劣质文章吗？

第 168 则

【注释】

①媸（chī）颜陋质：容貌丑陋的人。媸,丑陋,与"妍"相对。

②扑：打，击。

③若辈：这些人。

【原文】

　　媸颜陋质①，不与镜为仇者，亦以镜为无知之死物耳。使镜而有知，必遭扑破矣②。

　　江含徵曰：镜而有知，遇若辈早已回避矣③。

　　张竹坡曰：镜而有知，必当化媸为妍。

【译文】

　　容貌丑陋、皮肤粗糙的人，不与镜子结仇，是因为他们以为镜子是没有意识的死的东西。假使镜子有知觉的话，一定会被打得粉碎。

第 169 则

【注释】

①吾家公艺：指唐代张

【原文】

　　吾家公艺①，恃百忍以同居，千古传为美谈。殊不知忍而至于百，则其家庭乖戾睽隔之处②，正未易更仆数也③。

江含徵曰：然除了一忍，更无别法。

顾天石曰：心斋此论，先得我心。忍以治家可耳；奈何进之高宗，使忍以养成武氏之祸哉！

倪永清曰：若用忍字，则百犹嫌少。否则以剑字处之足矣。或曰"出家"二字，足以处之。

王安节曰：唯其乖戾睽隔，是以要忍。

【译文】

我的本家张公艺，依靠着百忍维持着九代同居的大家庭，千年来被传为美谈。殊不知忍耐到了百，他们家庭的矛盾与隔阂，正是数也数不清的。

第 170 则

【原文】

九世同居，诚为盛事，然止当与割股、庐墓者作一例看。可以为难矣①，不可以为法也②，以其非中庸之道也③。

洪去芜曰：古人原有父子异官之说④。

沈契掌曰：必居天下之广居而后可。

【译文】

维持九代同居的局面，的确是一件了不起的大事，但也可以与割大腿肉为父母疗疾，筑草庐为父母守丧的情况同一看待。可以认为这些是难得的，但是不可以作为准则，因为这些都不符合儒家的中庸之道。

【注释】

公艺。

②乖戾(lì)睽(kuí)隔：有矛盾，不和谐。乖戾，抵触。睽隔，有隔阂，不和睦。

③更仆数：形容事物繁多，难以计数。

①为难：看做很难的事情。

②法：标准，楷模。

③中庸：不偏叫中，不变叫庸。

④父子异官：父子分开居住。

第 171 则

【注释】

①关系之论：事物间的深层联系或引申之义。

②窘：困乏。

③缛（rù）：繁多。

④俚：鄙俗。

⑤裁制：规划，安排。

⑥三昧：奥妙，诀窍。

⑦和盘托出：和，连同。连盘子也端出来了。比喻全都讲出来，毫无保留。

【原文】

作文之法，意之曲折者，宜写之以显浅之词；理之显浅者，宜运之以曲折之笔。题之熟者，参之以新奇之想；题之庸者，深之以关系之论①。至于窘者舒之使长②，缛者删之使简③，俚者文之使雅④，闹者摄之使静，皆所谓裁制也⑤。

陈康畴曰：深得作文三昧语⑥。

张竹坡曰：所谓节制之师。

王丹麓曰：文家秘旨，和盘托出⑦，有功作者不浅。

【译文】

做文章的方法是，内容复杂的可以用浅显的词语来表达；道理浅显易懂的，应该用曲折的笔法写出来；题目老套的就用新奇的思想来写；题目平淡的，要通过纵深发掘去深化。至于短粗的加以扩展使其变长，繁缛的删除一些使其精简，热闹的使其达到平静，这都是做文章时裁截的方法。

第 172 则

【注释】

①尤物：美好珍贵、惹人怜爱的东西。

②水族：统称生活在

【原文】

笋为蔬中尤物①，荔枝为果中尤物，蟹为水族中尤物②，酒为饮食中尤物，月为天文中尤物，西湖为山水中尤物，词曲为文字中尤物。

张南村曰：《幽梦影》可为书中尤物。

陈鹤山曰：此一则又为《幽梦影》中尤物。

水里的动物。

【译文】

竹笋是蔬菜之中的极品，荔枝是水果中的极品，螃蟹是水中动物的极品，酒是饮用中的极品，月亮是天空中的最佳天体，西湖是山水景物中的最好景观，词曲是诗词创作中的最好文体。

第 173 则

【原文】

买得一本好花^①，犹且爱护而怜惜之，矧其为解语花乎^②?

周星远曰：性至之语，自是君身有仙骨，世人那得知其故耶！

石天外曰：此一副心，令我念佛数声。

李若金曰：花能解语，而落于粗恶武夫，或遭狮吼戕贼^③，虽欲爱护，何可得？

王司直曰：此言是恻隐之心，即是是非之心。

【注释】

①本：原意是指植物的根、干，这里用作植物的计量单位，一本就是一棵、一株。

②矧（shěn）：何况，况且。

③戕（qiāng）贼：伤害，损害。

【译文】

买一株美丽的鲜花，尚且还对它关怀备至，更何况是那些能解人语的美人呢！

第 174 则

【注释】

①便面：本来指用以遮住脸面的扇状物，后来把团扇、折扇等也统称为便面，也叫屏面、扇面。

【原文】

观手中便面①，足以知其人之雅俗，足以识其人之交游。

李圣许曰：今人以笔资丐名人书画，名人何尝与之交游？吾知其手中便面虽雅，而其人则俗甚也。心斋此条，犹非定论。

毕岷谷曰：人苟肯以笔资丐名人书画，则其人犹有雅道存焉。世固有并不爱此道者。

钱目天曰：二说皆然。

【译文】

观察一个人手中的扇面，就完全可以知道这个人是雅还是俗，完全可以看出这个人交的是什么样的朋友。

第 175 则

【注释】

①至：最。会：汇集。
②诸：之于。

【原文】

水为至污之所会归①，火为至污之所不到。若变不洁为至洁，则水火皆然。

江含徵曰：世间之物，宜投诸水火者不少②，盖喜其变也。

【译文】

水是最污渍的东西汇集的地方，火是最污渍的东西到不了的场所。要想将不干净的东西变成干净的东西，水和火都是可以的。

第 176 则

【原文】

貌有丑而可观者，有虽不丑而不足观者；文有不通而可爱者，有虽通而极可厌者。此未易与浅人道也①。

陈康畴曰：相马于牝牡骊黄之外者②，得之矣。

李若金曰：究竟可观者必有奇怪处，可爱者必无大不通。

梅雪坪曰：虽通而可厌，便可谓之不通。

①浅人：肤浅、没有见识的人。

②骊：黑色。

【译文】

相貌，有的人虽然丑陋但是很耐看，有的人虽然不丑陋但是很不耐看；文章虽然有文字欠缺通顺，可是有价值看，有些文章虽然文辞很好，但是看了之后却会让人心生厌烦。其中的道理不是肤浅的人所能理解的。

第 177 则

【原文】

游玩山水，亦复有缘。苟机缘未至，则虽近在数十里之内，亦无暇到也。

张南村曰：予晤心斋时，询其曾游黄山否。心斋对以未游，当是机缘未至耳。

陆云士曰：余慕心斋者十年。今戊寅之冬始得一面。身到黄山恨其晚，而正未晚也。

【译文】

　　游山玩水，也是有某种机缘。假使机缘不到的话，虽然近在十里之内，也没有机会到达那里。

第 178 则

【注释】

①谄（chǎn）：奉承，结巴。

②贫贱骄人：身体贫贱，但以此蔑视权贵。

【原文】

　　"贫而无谄①，富而无骄"，古人之所贤也；贫而无骄，富而无谄，今人之所少也。足以知世风之降矣。

　　许来庵曰：战国时已有贫贱骄人之说矣②。

　　张竹坡曰：有一人一时而对此谄对彼骄者，更难。

【译文】

　　"贫贱而不阿谀奉承，富贵却不骄傲自大"，这是古人所崇尚的贤德；贫贱但是不骄傲自大，富贵却不阿谀奉承，是今人中少有的。由此可见世风的日益下降。

第 179 则

【注释】

①蓰（xǐ）：五倍。原意是说事物有时差好几倍，这里指多用几倍的时间。

【原文】

　　昔人欲以十年读书、十年游山、十年检藏。予谓检藏尽可不必十年，只二三载足矣。若读书与游山，虽或相倍蓰①，恐亦不足以偿所愿也。必也，如黄九烟前辈之所云，人生必三百年而后可乎？

　　江含徵曰：昔贤原谓尽则安能，但身到处，莫放过耳。

孙松坪曰：吾乡李长蘅先生爱湖上诸山，有"每个峰头住一年"之句。然则黄九烟先生所云，犹恨其少。

张竹坡曰：今日想来，彭祖反不如马迁②。

②彭祖：神话中的人物。为长寿的象征。生于夏代，到殷末时已767岁（一说800岁）。

【译文】

以前的人想要用十年的时间读书，十年的时间游览名山大川，十年的时间从事收藏。我认为收藏大可不必用上十年的时间，只要两三年的时间就可以了。而读书或是游山玩水，就算是再增加成倍的时间，恐怕也不能如尝所愿。如果非要这样的话，就如黄九烟先生所说的，人必须要活三四百年，那样才可以吗？

第 180 则

【原文】

宁为小人之所骂，毋为君子之所鄙；宁为盲主司之所摈弃①，毋为诸名宿之所不知②。

陈康畴曰：世之人自今以后，慎毋骂心斋也。

江含徵曰：不独骂也，即打亦无妨，但恐鸡肋不足以安尊拳耳。

张竹坡曰：后二句足少平吾恨。

李若金曰：不为小人所骂，便是乡愿③；若为君子所鄙，断非佳士。

【注释】

①摈弃：排斥，抛弃，这里指不被录取。

②名宿：素有名望的人。

③乡愿：貌似谨厚，没有是非观念、谁也不得罪的所谓"好人"，实际上是与世俗同流合污的伪善者。

【译文】

宁可被小人所骂，也不要被君子所鄙视；宁可被有眼无珠的主考官所摒除抛弃，也不能被德高望重的名流所不知道。

第 181 则

【原文】

傲骨不可无，傲心不可有。无傲骨则近于鄙夫①，有傲心不得为君子。

吴街南曰：立君子之侧，骨亦不可傲；当鄙夫之前，心亦不可不傲。

石天外曰：道学之言，才人之笔。

庞笔奴曰：现身说法，真实妙谛②。

【译文】

坚强不屈、勇敢追求的傲骨不可以没有，骄傲自大、目空一切的傲心不可以有。没有傲骨就如同自甘平庸的懦夫，有傲心就不可以成为君子。

第 182 则

【原文】

蝉为虫中之夷齐，蜂为虫中之管晏。

崔青峙曰：心斋可谓虫中之董狐。

吴镜秋曰：蚊是虫中酷吏，蝇是虫中游客。

【译文】

蝉是昆虫类中伯夷、叔齐式的角色，蜜蜂是昆虫类中管仲、晏婴式的角色。

第 183 则

【原文】

曰痴、曰愚、曰拙、曰狂，皆非好字面^①，而人每乐居之；曰奸、曰黠、曰强、曰佞，反是^②，而人每不乐居之，何也?

江含徵曰：有其名者无其实，有其实者避其名。

【译文】

像痴、愚、拙、狂等这些字都不是好字，但是人们往往以这样的名号自居；像奸、黠、强、佞等，这些词恰恰与前面的字相反，但是人们却不喜欢以这些自称，这是为什么呢?

第 184 则

【原文】

唐虞之际^①，音乐可感鸟兽。此盖唐虞之鸟兽^②，故可感耳。若后世之鸟兽，恐未必然。

洪去芜曰：然则鸟兽亦随世道为升降耶?

陈康畴曰：后世之鸟兽，应是后世之人所化身，即不无升降，正未可知。

石天外曰：鸟兽自是可感，但无唐虞音乐耳。

毕右万曰：后世之鸟兽，与唐虞无异，但后世之人迥不同耳^③。

【译文】

尧舜的时候，音乐可以感动鸟兽。这大概是尧舜时候的鸟兽容易被感动吧。如果要是后世的鸟兽恐怕就不是这样了。

第 185 则

【注释】

①酸子：犹酸丁，旧时对贫寒而迂腐的读书人的贬称。

②麻姑：传说中的仙女。

【原文】

痛可忍而痒不可忍；苦可耐而酸不可耐。

陈康畴曰：余见酸子偏不耐苦①。

张竹坡曰：是痛痒关心语。

余香祖曰：痒不可忍，须倩麻姑搔背②。

释牧堂曰：若知痛痒，辨苦酸，便是居士悟处。

【译文】

疼痛可以忍受但是痒不可以忍受；苦可以忍耐但是酸忍耐不了。

第 186 则

【注释】

①着色：添加色彩的绘画方式。

②月中山河之影：月亮上有阴影，古人认为是

【原文】

镜中之影，着色人物也①；月下之影，写意人物也。镜中之影，钩边画也；月下之影，没骨画也。月中山河之影②，天文中地理也；水中星月之象，地理中天文也。

恽叔子曰：绘空镂影之笔。

石天外曰：此种着色写意，能令古今善画人一齐搁笔。

沈契掌曰：好影子俱被心斋先生画着。

地上山河的影子。

【译文】

镜子中的人影，是涂了色的人物画；月下的影子，是写意的人物画。镜子中的影子，是勾勒出的人物画；月下的影子，是没有骨架的人物画。月色中山河的影子，是天体中山川形态的写实；水中的星月，是地理中的天体形态。

第 187 则

【原文】

能读无字之书，方可得惊人妙句；能会难通之解，方可参最上禅机①。

黄交三曰：山老之学，从悟而入，故常有彻天彻地之言。

【注释】

①禅机：禅语机锋。

【译文】

能够品读没有文字的书，才能写出惊人的妙语佳句；能够领悟难通难解的文字，才可以领会最高的禅学要义。

第 188 则

【原文】

若无诗酒，则山水为具文①；若无佳丽，则花月皆虚设。

【注释】

①具文：空文，徒具形

式而无实际意义。

【译文】

　　如果没有诗歌美酒，山水就只是形式上的空文；如果没有美丽佳人，那么鲜花明月都是形同虚设。

第 189 则

【注释】

①工：擅长，长于。

②断：一定，绝对。

③匪独：不只是，不单是。

④亵（xiè）：轻慢侮辱。

【原文】

　　才子而美姿容，佳人而工著作①，断不能永年者②，匪独为造物之所忌③。盖此种原不独为一时之宝，乃古今万世之宝，故不欲久留人世以取亵耳④。

　　郑破水曰：千古伤心，同声一哭。

　　王司直曰：千古伤心者，读此可以不哭矣。

【译文】

　　才子们长相俊美，美人擅长吟诗作赋，就一定不能长寿，这不仅仅是因为被造物主所忌妒。大概是由于这种人原本不只是一时的宝物，乃是古往今来千秋万代的宝物，所以不想长久地留在人间以免招来亵渎。

第 190 则

【注释】

①《史》、《汉》：指《史记》、《汉书》。

【原文】

　　陈平封曲逆侯，《史》、《汉》注皆云“音去遇”①。予谓此是北人土音耳。若南人四音俱全②，似仍当读作本音为是（北人于唱曲之"曲"，亦读如"去"字）。

孙松坪曰：曲逆，今定县也。众水潆洄，势曲而流逆。予尝为土人订之，心斋重发吾覆矣③。

【译文】

汉代陈平被封为曲逆侯，《史记》、《汉书》注释都说音是"去遇"。我认为这是北方的口音。如果要是南方人四音俱全，似乎仍应当读作本音才对。

②四音：即四声。

③发吾覆：揭除蔽障。

第 191 则

【原文】

古人四声俱备，如"六"、"国"二字皆入声也。今梨园演苏秦剧，必读"六"为"溜"，读"国"为"鬼"，从无读入声者。然考之《诗经》，如"良马六之"、"无衣六兮"之类，皆不与去声叶①，而叶、祝、告、燠、国字，皆不与上声叶，而叶入陌、质韵②。则是古人似亦有入声，未必尽读"六"为"溜"，读"国"为"鬼"也。

弟木山曰：梨园演苏秦，原不尽读"六国"为"溜鬼"，大抵以曲调为别。若曲是南调，则仍读入声也。

【注释】

①叶：同"协"，叶韵，押韵。

②入陌、质韵：入声中的十一陌、四质部。

【译文】

古代人四声是很完备的，如"六"、"国"这两个字都是入声。现在梨园弟子演苏秦剧的时候，一定把"六"读作"溜"，把"国"读为"鬼"，从来没有读入声的。但是若考证《诗经》，像"良马

六之"、"无衣六兮"这一类的，都是不与去声相叶，叶、祝、告、
燠、国字都不与上声叶，却叶入陌质韵。由此可见，古人似乎也有入
声，不一定都读"六"为"溜"，读"国"为"鬼"。

第 192 则

【注释】

①娱情：调笑欢娱。

②广嗣：生育后代。嗣，
后嗣，子孙。

【原文】

闲人之砚，固欲其佳，而忙人之砚，尤不可不佳；娱情之
妾①，固欲其美，而广嗣之妾②，亦不可不美。

江含徵曰：砚美下墨可也，妾美招妒奈何？

张竹坡曰：妒在妾，不在美。

【译文】

清闲人的砚台，当然想要质地优良，而忙碌的人的砚台更是
不可以不精良。为了高兴纳的妾，当然希望她美丽，而为了生儿育
女、传宗接代的妾，也不可以不美丽。

第 193 则

【注释】

①鬼阵：围棋的别称。

【原文】

如何是独乐乐？曰鼓琴；如何是与人乐乐？曰弈棋；如何是
与众乐乐？曰马吊。

蔡铉升曰：独乐乐，与人乐乐，孰乐？曰不若与人。与少乐
乐，与众乐乐，孰乐？曰不若与少。

王丹麓曰：我与蔡君异，独畏人为鬼阵①，见则必乱其局而后已。

【译文】

怎样才是一个人的快乐呢？击鼓弹琴；什么才是与人同乐呢？对弈下棋；怎样才是与众人一起快乐呢？是玩纸牌。

第 194 则

【原文】

不待教而为善为恶者，胎生也①；必待教而后为善为恶者，卵生也②；偶因一事之感触而突然为善为恶者，湿生也（如周处、戴渊之改过，李怀光反叛之类）③；前后判若两截，究非一日之故者，化生也（如唐玄宗、卫武公之类）④。

【译文】

不等待教育就能知道是善还是恶，是胎生；必须要等到教育之后才知道善恶的，是卵生；偶然间因为一件事情的感触而能感觉到善恶的，是湿生（像周处、戴渊的改过从善，李怀光的反叛之类的）；前后判若两人，终究不是一日变化的原因，是化生（如唐玄宗、卫武公之类的）。

【注释】

①胎生：在母体内发育、成熟时与母体脱离的出生方式。

②卵生：飞鸟、鱼鳖等属于卵生。

③湿生：这里比喻人在一定条件下发生突变。

④化生：指无所依托，突然发生，这里指自我变化，前后表现截然不同。

第 195 则

【注释】

①以形用：以外在的形式而被使用。

②符印：符节印信等作为凭证使用的物品的统称。日晷（guǐ）：古代测日影以定时刻的仪器。

【原文】

凡物皆以形用①，其以神用者，则镜也、符印也、日晷也、指南针也②。

袁中江曰：凡人皆以形用，其以神用者，圣贤也、仙也、佛也。

黄虞外士曰：凡物之用皆形，而其所以然者，神也。镜凸凹而易其肥瘦，符印以专一而主其神机，日晷以恰当而定准则，指南以灵动而活其针缝。是皆神而明之。存乎人矣。

【译文】

大凡物体都是以它的外形发挥作用，靠奇妙的原理来产生作用的则是镜子、符印、日晷、指南针。

第 196 则

【注释】

①鲍老：宋代戏剧角色名。郭郎：戏剧行当中的丑角。

②我见犹怜：我见了她尚且觉得可爱。形容女子容貌美丽动人。犹，

【原文】

才子遇才子，每有怜才之心；美人遇美人，必无惜美之意。我愿来世托为绝代佳人，一反其局而后快。

陈鹤山曰：谚云："鲍老当筵笑郭郎①，笑他舞袖大郎当。若教鲍老当筵舞，转更郎当舞袖长。"则为之奈何？

郑蕃修曰：俟心斋来世为佳人时再议。

余湘客曰：古亦有"我见犹怜"者②。

倪永清曰：再来时不可忘却。

尚且。

【译文】

才子见到才子，常常有相互怜惜的感觉；美人遇到美人，一定没有相互爱惜的意思。我希望来生能转世为绝代佳人，一反这种不相互怜惜的形式，这样才感到快意。

第 197 则

【原文】

予尝欲建一无遮大会^①，一祭历代才子，一祭历代佳人。俟遇有真正高僧，即当为之。

顾天石曰：君若果有此盛举，请迟至二三十年之后，则我亦可以拜领盛情也。

释中洲曰：我是真正高僧，请即为之，何如？不然，则此二种沉魂滞魄，何日而得解脱耶？

江含徵曰：折柬虽具^②，而未有定期，则才子佳人亦复怨声载道。又曰：我恐非才子而冒为才子，非佳人而冒为佳人，虽有十万八千母陀罗臂^③，亦不能具香厨法膳也，心斋以为然否？

释远峰曰：中洲和尚，不得夺我施主。

【注释】

①无遮：无所遮拦，谓不分贵贱、僧俗、智愚、善恶，平等看待。

②折柬：也作"折简"，书信。

③母陀罗：指佛得心印或佛法。

【译文】

我曾经想举办一次无贵贱无遮、平等行施的法会，一是用来祭奠超度各时代的才子，二是祭奠各时代的佳人。等遇到真正的高僧，就付诸行动。

第 198 则

【注释】

①名教：指以正名定分为主旨的封建礼教。

【原文】

圣贤者，天地之替身。

石天外曰：此语大有功名教①，敢不伏地拜倒。

张竹坡曰：圣贤者，乾坤之帮手。

【译文】

圣贤之人是天地的化身。

第 199 则

【注释】

①冢（zhǒng）宰：周代官名，也称"大宰"，为六卿之首，统领百官。后世把掌管选拔官员事务的吏部尚书称为"冢宰"。

②总制：即总管，明朝时的地方最高长官，管理一省或数省。抚军：明清时对巡抚的另一种称呼，巡抚是省级政

【原文】

　　天极不难做，只须生仁人君子有才德者二三十人足矣。君一、相一、冢宰一①，及诸路总制、抚军是也②。

黄九烟曰：吴歌有云："做天切莫做四月天。"可见天亦有难做之时。

江含徵曰：天若好做，又不须女娲氏补之。

尤谨庸曰：天不做天，只是做梦，奈何，奈何！

倪永清曰：天若都生善人，君相皆当袖手，便可无为而治。

陆云士曰：极诞极奇之话，极真极确之话。

【译文】

　　上天并不难做，只需要造二三十个宅心仁厚、才德兼备的君

子就足够了。一个为君王，一个为宰相，一个为吏部尚书，其他分别作各路的总制、抚军，天下就可以太平了。

府的最高长官。

第 200 则

【原文】

掷升官图①，所重在德，所忌在赃；何一登仕版②，辄与之相反耶？

江含徵曰：所重在德，不过是要赢几文钱耳。

沈契掌曰：仕版原与纸版不同。

【译文】

掷"升官图"这一游戏，重在品德操守，忌讳贪赃枉法。为何一登上仕途，就与游戏上的规则相反了呢？

【注释】

①升官图：古代博戏器具。

②仕版：官员名册，登仕版意味着做官。

第 201 则

【原文】

动物中有三教焉①：蛟、龙、麟、凤之属，近于儒者也；猿、狐、鹤、鹿之属，近于仙者也②；狮子、牯牛之属，近于释者也③。植物中有三教焉：竹、梧、兰、蕙之属，近于儒者也；蟠桃、老桂之属，近于仙者也；莲花、薝萄之属，近于释者也。

顾天石曰：请高唱《西厢》一句，"一个通彻三教九流"。

石天外曰：众人碌碌，动物中蜉蝣而已④；世人峥嵘，植物中荆棘而已。

【注释】

①三教：指儒、道、佛三家。

②仙：指道教。道教宣扬修炼升仙。

③释：指佛教，因佛祖释迦牟尼而来。

④蜉蝣：虫名，比喻微小

的、无足轻重的生命。

【译文】

　　动物中有三教：蛟龙、麒麟、凤凰这一类属于儒教；猿猴、狐狸、鹤、鹿这一类属于道教；狮子、牯牛这一类属于佛教。植物中也有三教：竹子、梧桐、兰花、蕙草这一类属于儒教；蟠桃、老桂这一类属于道教；莲花、郁金花这一类属于佛教。

第 202 则

【注释】

①须弥山：佛教传说中的高山，也译作"须弥楼"、"苏迷庐"，意译妙高、妙光，比喻至大至高。

②果尔：如果真是这样。

③阿耨（nòu）达池：湖名。梵语为清凉无烦恼之意。又名阿那波答多池。在今西藏西南部普兰县境内。为我国最高淡水湖之一。

④泄气：指放屁。

【原文】

　　佛氏云"日月在须弥山腰①"，果尔②，则日月必是绕山横行而后可；苟有升有降，必为山巅所碍矣。又云："地上有阿耨达池③，其水四出，流入诸印度。"又云："地轮之下为水轮，水轮之下为风轮，风轮之下为空轮。"余谓此皆喻言人身也；须弥山喻人首，日月喻两目，池水四出喻血脉流通，地轮喻此身，水为便溺，风为泄气④。此下则无物也。

　　释远峰曰：却被此公道破。

　　毕右万曰：乾坤交后，有三股大气，一呼吸、二盘旋、三升降。呼吸之气，在八卦为震巽，在天地为风雷、为海潮，在人身为鼻息。盘旋之气，在八卦为坎离，在天地为日月，在人身为两目，为指尖、发顶罗纹，在草木为树节、蕉心。升降之气，在八卦为艮兑，在天地为山泽，在人身为髓液便溺，为头颅、肚腹，在草木为花叶之萌雕，为树梢之向天、树根之入地。知此，而寓言之出于二氏者，皆可类推而悟。

【译文】

　　佛教的经典中说"太阳和月亮在须弥山的山腰上"，如果真是这样的话，那么太阳和月亮必定是绕着山横向运行才可以的；如果有升降一定会被山巅挡住。又说："地上有阿耨达池，它的水流向四面八方，流进了印度各地。"又说："地轮的下面是水轮，水轮的下面是风轮，风轮的下面是空轮。"我认为这些都是用来比喻人的身体构造的。须弥山比喻人的头，日月比喻人的两只眼睛，池水向四面八方流通是比喻人的血脉流通，地轮比喻人的身体，水是新陈代谢的废物，风就是泄气。此下就再也没有什么了。

第 203 则

【原文】

　　苏东坡和陶诗尚遗数十首①。予尝欲集坡句以补之，苦于韵之弗备而止②。如《责子》诗中"不识六与七"、"但觅梨与栗"，七字、栗字，皆无其韵也。

【注释】

①苏东坡：即苏轼，字子瞻。

②弗：不。备：全。

【译文】

　　苏东坡与陶渊明的诗尚且遗留下数十首没有完成。我曾经想集东坡诗中的句子补上，只是苦于诗韵不全而没有做到。像《责子》诗中"不认识六与七"、"但觅梨与栗"，"七"与"栗"全都没有这个韵。

第 204 则

【注释】

①异日：他日，以后。

【原文】

予尝偶得句，亦殊可喜。惜无佳对，遂未成诗。其一为"枯叶带虫飞"，其一为"乡月大于城"，姑存之，以俟异日①。

【译文】

我曾经想到一些佳句，感到特别高兴。只可惜没有好的句子来对，终究没有成诗。其中一句是"枯叶带虫飞"，另一句是"乡月大于城"，暂且留在这儿，等到以后再来对。

第 205 则

【注释】

①琴心：修道之心，或者弹琴者悠然之心。

②手谈：下围棋。

③胡然而天，胡然而帝：形容容貌服饰如同天神一般。后来多用于贬义，形容言行放肆，也作"胡天胡地"。

【原文】

"空山无人，水流花开"二句，极琴心之妙境①；"胜固欣然，败亦可喜"二句，极手谈之妙境②；"帆随湘转，望衡九面"二句，极泛舟之妙境；"胡然而天，胡然而帝"二句③，极美人之妙境。

【译文】

"空山无人，水流花开"两句淋漓尽致地表现了琴弦弹奏的绝妙声音引人渐入佳境，"胜固欣然，败亦可喜"这两句将下棋的美妙境界表现得相当透彻；"帆随湘转，望衡九面"，写尽了泛舟的无尽乐趣；"胡然而天，胡然而帝"，这两句写出了美人的神态优美。

第 206 则

【原文】

镜与水之影，所受者也①；日与灯之影，所施者也。月之有影，则在天者为受②，而在地者为施也。

郑破水曰：受、施二字，深得阴阳之理。

庞天池曰：幽梦之影，在心斋为施，在笔奴为受。

【译文】

镜子和水的影子是从外界照进来的；太阳与灯的影子是它们自身散发出来的。月亮的影子在天上是接受外界照耀而形成，在地上是自身发出的。

【注释】

①受：指物体投影于镜或水中，镜与水只是被动地反射其影。

②在天者为受：古人认为月亮像镜子或水那样，可映出地上的山河之影。

第 207 则

【原文】

水之为声有四：有瀑布声，有流泉声，有滩声，有沟浍声①。风之为声有三：有松涛声，有秋叶声，有波浪声。雨之为声有二：有梧叶、荷叶上声，有承檐溜竹筒中声②。

弟木山曰：数声之中，唯水声最为可厌。以其无已时，甚聒人耳也。

【译文】

水声有四种：有瀑布声，有泉水声，有浪击海岸的声，有田

【注释】

①沟浍（kuài）：沟渠。

②承檐：屋檐下用来接雨水的槽，一般为竹制或木制。

间沟渠里的水流声。风声有三种：有风吹过松林的声音，有秋叶沙沙响的声音，有波浪卷起浪花的声音。雨声有两种：有雨打梧桐叶、荷叶上的声音，有房屋承檐溜竹筒的滴答声。

第 208 则

【注释】

①誉：赞誉，赞扬。

②山臞（qú）野老：指村野之人，农夫。臞，同"癯"，瘦。

③裨（bì）益：益处。裨，古代的次等礼服。

【原文】

文人每好鄙薄富人，然于诗文之佳者，又往往以金玉、珠玑、锦绣誉之①，则又何也？

陈鹤山曰：犹之富贵家张山臞野老落木荒村之画耳②。

江含徵曰：富人嫌其悭且俗耳，非嫌其珠玉文绣也。

张竹坡曰：不文，虽穷可鄙；能文，虽富可敬。

陆云士曰：竹坡之言是真公道说话。

李若金曰：富人之可鄙者在吝，或不好史书，或畏交游，或趋炎热而轻忽寒士。若非然者，则富翁大有裨益人处③，何可少之？

【译文】

文人往往喜欢鄙视那些富人，然而对于那些美妙的诗文佳作，又往往以金玉、珠玑、锦绣来赞誉它们，这究竟是什么道理呢？

第 209 则

【原文】

能闲世人之所忙者，方能忙世人之所闲。

【译文】

能够搁置世人所忙的事情，才可以忙别人都不忙的事情，从而有一番作为。

第 210 则

【原文】

先读经①，后读史②，则论事不谬于圣贤③；既读史，复读经，则观书不徒为章句。

黄交三曰：宋儒语录中不可多得之句。

陆云士曰：先儒著书法累牍连章，不若心斋数言道尽。

王宓草曰：妄论经史者，还宜退而读经。

【注释】

①经：作为典范的书称为经。

②史：记载历史的书叫史。

③谬：出差错，偏离。

【译文】

先读经书，再读史书，这样论事时就不会有悖于圣贤的观点；先读经书，再读史书，这样读书时就不会只局限于字面字句的解释。

第 211 则

【原文】

居城市中，当以画幅当山水，以盆景当苑囿①，以书籍当朋友。

周星远曰：究是心斋偏重独乐乐。

【注释】

①苑囿(yuàn yòu)：围起来蓄养禽兽的地方，这里泛指园林。

王司直曰：心斋先生置身于画中矣。

【译文】

居住在城市中，应当把山水画当做山水，把花卉盆景当做园林，把书籍当做知心朋友。

第 212 则

【注释】

①觞（shāng）政：在宴会上行酒令，也泛指喝酒。

【原文】

乡居须得良朋始佳，若田夫樵子，仅能辨五谷而测晴雨。久且数，未免生厌矣。而友之中又当以能诗为第一，能谈次之，能画次之，能歌又次之，解觞政者又次之①。

江含徵曰：说鬼话者又次之。

殷日戒曰：奔走于富贵之门者，自应以善说鬼话为第一，而诸客次之。

倪永清曰：能诗者必能说鬼话。

陆云士曰：三说递进，愈转愈妙，滑稽之雄。

【译文】

居住在乡间必须有情投意合的朋友相伴，像那些农人樵夫只能辨认五谷杂粮，测天气阴晴云雨，时间久了，次数多了便不免心生厌倦。而朋友之中以会作诗为第一，擅长谈论的列为第二，善于绘画的列为第三，其次是会唱歌的，能行酒令的又次之。

第 213 则

【原文】

玉兰，花中之伯夷也（高而且洁）；葵，花中之伊尹也（倾心向日）；莲，花中之柳下惠也（污泥不染）①。鹤，鸟中之伯夷也（仙品）；鸡，鸟中之伊尹也（司晨）②；莺，鸟中之柳下惠也（求友）。

【注释】

①柳下惠：春秋鲁大夫展禽。

②司晨：打鸣报晓，这里是比喻早起勤政，忠于职守。

【译文】

玉兰是花中的伯夷（高贵而且清洁）；葵花，是花中的伊尹（一心向着太阳）；莲花，是花中的柳下惠（出淤泥而不染）。鹤是鸟中的伯夷（神仙中的一类）；鸡，是鸟中的伊尹（报晓司晨）；莺是鸟中的柳下惠（寻找朋友）。

第 214 则

【原文】

无其罪而虚受恶名者，蠹鱼也（蛀书之虫另是一种，其形如蚕蛹而差小）①；有其罪而恒逃清议者②，蜘蛛也。

张竹坡曰：自是老吏断狱。

李若金曰：予尝有除蛛网说，则讨之未尝无人。

【注释】

①蠹（dù）鱼：虫名，常蛀虫衣服书籍。体小有银白色细鳞，形似鱼，故名。又名衣鱼，纸鱼。差小：较小，略小。

②恒：经常。清议：公

【译文】

没有罪却背上恶名的，是蠹鱼（蛀虫的另一种，它的形状像正的舆论。

蚕蛹但是小一些）；有罪却往往能逃脱了非议的，是蜘蛛。

第 215 则

【注释】

①金汁：即粪清。

②皆然：都是如此。

皆，都。然，这样。

【原文】

臭腐化为神奇，酱也，腐乳也，金汁也①。至神奇化为臭腐，则是物皆然②。

袁中江曰：神奇不化臭腐者，黄金也、真诗文也。

王司直曰：曹操、王安石文字，亦是神奇出于臭腐。

【译文】

由臭腐化为神奇的东西，有酱、腐乳、金汁。至于由神奇化为臭腐的东西，所有的东西都是这样。

第 216 则

【注释】

①交：相交，碰到一起。

②攻：攻击，指责。

③不虞之誉：没有意料到的赞扬。虞，料想。求全之毁：一心想保全声誉，反而受到毁谤。毁，毁谤。

【原文】

黑与白交①，黑能污白，白不能掩黑；香与臭混，臭能胜香，香不能敌臭。此君子小人相攻之大势也②。

弟木山曰：人必喜白而恶黑，黜臭而取香，此又君子必胜小人之理也。理在，又乌论乎势。

石天外曰：余尝言于黑处着一些白，人必惊心骇目，皆知黑处有白；于白处着一些黑，人亦必惊心骇目，以为白处有黑。甚矣，君子之易于形短，小人之易于见长，此不虞之誉、求全之毁所由来也③。读此慨然。

倪永清曰：当今以臭攻臭者不少。

【译文】

黑与白相混，黑色能玷污白色，可是白色不能掩饰住黑色；香和臭相混，臭味能胜过香味，但是香味不能将臭味覆盖住。这就是小人和君子斗争时的大形势。

第 217 则

【原文】

耻之一字①，所以治君子；痛之一字②，所以治小人。

张竹坡曰：若使君子以耻治小人，则有耻且格③；小人以痛报君子，则尽忠报国。

【注释】

①耻：进行道德谴责，使其知耻。

②痛：惩罚肉体使之痛苦。

③格：来到，这里是人心归顺的意思。

【译文】

用耻来约束君子，用痛来约束小人。

第 218 则

【原文】

镜不能自照，衡不能自权①，剑不能自击②。

倪永清曰：诗不能自传，文不能自誉。

【注释】

①权：秤锤，这里作动词用，测定重量。

②击：击刺。

庞天池曰：美不能自见，恶不能自掩。

【译文】

镜子不能照见自己，秤不能称量自己，宝剑不能伤害自己。

第 219 则

【注释】

①疮痍（chuāng yí）：创伤，比喻人民疾苦。

兵燹（xiǎn）：因战争而遭受的焚烧破坏。

②灾祲（jìn）：灾异，灾难。祲，不祥之气。

【原文】

古人云："诗必穷而后工。"盖穷则语多感慨，易于见长耳。若富贵中人，既不可忧贫叹贱，所谈者不过风云月露而已，诗安得佳？苟思所变，计唯有出游一法。即以所见之山川风土、物产人情，或当疮痍兵燹之余①，或值旱涝灾祲之后②，无一不可寓之诗中。借他人之穷愁，以供我之咏叹，则诗亦不必待穷而后工也。

张竹坡曰：所以郑监门《流民图》独步千古。

倪永清曰：得意之游，不暇作诗；失意之游，不能作诗。苟能以无意游之，则眼光识力，定是不同。

尤悔庵曰：世之穷者多而工诗者少，诗亦不任受过也。

【译文】

古人说："诗人一定要在经历穷困之后才可以写出精妙的文章。"大概是穷困过后诗句中才能多慷慨之词，容易表达感情。如果是富贵中人，就不能有为贫穷担忧、为贫贱慨叹，所谈论的不过是风云月露而已，诗怎么能够做得好呢？如果想有所改变，只有外出游历这一办法了。将所有看见的山川风土、物产人情，或者战火之后的满目疮痍，或者是旱涝灾害之后的遍地苍凉，将这些写进诗中。借助他人的穷苦忧愁，为自己提供歌咏吟唱的情思，那就不用在经历穷苦忧愁之后才能写出精妙的诗文了。